江苏省高等学校重点教材
编号：2021-2-201

高职高专装配式建筑专业“互联网＋”创新规划教材

装配式混凝土建筑施工技术

主　编◎杨红玉　许　茜
副主编◎张　蓓　杨　永
　　　　薛　俊
参　编◎吴志强　顾文华
　　　　吴生海

内 容 简 介

本书介绍的装配式混凝土建筑施工技术是指导建筑行业从业人员进行装配式建筑施工管理的核心技术，具体包括装配式混凝土建筑各类预制构件的生产和施工所涉及的模具平台制作、钢筋绑扎、预埋件安装、混凝土浇筑与养护、施工现场准备、预制构件安装、安装质量验收等多个环节。

本书共 7 章，包括绪论、预制墙板工程、预制柱工程、预制梁工程、叠合板工程、预制楼梯工程、其他工程。

本书适合作为高等职业教育院校、继续教育学院的装配式建筑工程技术专业、建筑工程专业的教材和教学参考用书，也可供建筑行业从业人员参考使用。

图书在版编目（CIP）数据

装配式混凝土建筑施工技术 / 杨红玉，许茜主编．—北京：北京大学出版社，2024.4

高职高专装配式建筑专业“互联网+”创新规划教材

ISBN 978-7-301-34203-9

Ⅰ.①装…　Ⅱ.①杨…　②许…　Ⅲ.①装配式混凝土结构—混凝土施工—高等职业教育—教材　Ⅳ.①TU755

中国国家版本馆 CIP 数据核字（2023）第 125714 号

书　　名	装配式混凝土建筑施工技术 ZHUANGPEISHI HUNNINGTU JIANZHU SHIGONG JISHU
著作责任者	杨红玉　许　茜　主编
策划编辑	刘健军
责任编辑	范超奕
数字编辑	蒙俞材
标准书号	ISBN 978-7-301-34203-9
出版发行	北京大学出版社
地　　址	北京市海淀区成府路 205 号　100871
网　　址	http://www.pup.cn　新浪微博：@北京大学出版社
电子邮箱	编辑室 pup6@pup.cn　总编室 zpup@pup.cn
电　　话	邮购部 010-62752015　发行部 010-62750672　编辑部 010-62750667
印 刷 者	河北文福旺印刷有限公司
经 销 者	新华书店
	787 毫米×1092 毫米　16 开本　10.75 印张　259 千字
	2024 年 4 月第 1 版　2024 年 4 月第 1 次印刷
定　　价	45.00 元

前言 Preface

自 2013 年以来，我国出台了一系列关于建筑产业现代化发展的政策文件，对我国建筑产业现代化的建设提出了更加具体的要求。在国家的高度重视、建筑行业的积极响应和广泛参与下，装配式混凝土建筑施工技术作为一项新的建筑施工技术应运而生，培养建筑产业现代化的技术人员及专业人才刻不容缓。为了适应建筑行业转型升级对人才培养的需求，校企合作编写了本教材。

通过前期大量的调研，本教材从预制构件生产、安装施工到质量验收等方面详细介绍了预制墙板工程、预制柱工程、预制梁工程、叠合板工程、预制楼梯工程和其他工程。本教材主要有以下特点。

（1）反映专业方面的教学改革精神。及时、充分地融入生产、建设、管理一线不断产生的新技术、新工艺、新规范。

（2）教材内容项目化。本教材力求知识学习与生产实际紧密结合，体现“做中学、学中做”，教材项目均来源于实际工程项目，突破传统教材的知识理论结构，实践性、实用性强。同时融入工程伦理、职业素养、工匠精神等德育元素，以及党的二十大精神，全面贯彻党的教育方针，把立德树人融入本教材，贯穿思想道德教育、文化知识教育和社会实践教育各个环节。

（3）教材内容新颖。坚持目标导向和问题导向，重构教材内容，弱化理论讲解，侧重实践操作，有助于学生吸收和消化教学内容。

（4）呈现形式多样化。本教材配套了丰富的微视频、动画、专业规范等数字化教学资源，并将数字化资源以二维码形式嵌入教材中。

本教材由南通职业大学杨红玉、许茜担任主编，南通职业大学张蓓、天津城建大学杨永、南通科达建材科技股份有限公司薛俊担任副主编，南通职业大学吴志强、顾文华、吴生海参编。各项目正文、数字化资源及习题的编写分工如下表所示。

项次	正文	数字化资源	习题
项目 0	许茜	杨红玉	杨红玉
项目 1	顾文华	顾文华	许茜
项目 2	许茜	许茜	许茜
项目 3	张蓓	张蓓	许茜
项目 4	许茜	杨永	吴生海
项目 5	吴志强	杨红玉	杨永
项目 6	薛俊	薛俊	许茜

全书由主编统稿并定稿。

感谢南通科达建材科技股份有限公司、智聚装配式绿色建筑创新中心南通有限公司、南通现代建筑产业发展有限公司等单位为本教材编写提供了丰富的图片素材和文字资料。

本教材在编写过程中参阅了相关的论著和资料，参考了一些优秀企业的项目资料，在此向相关企业和个人表示真挚的感谢。由于编写时间仓促，编者的实践经验有限，教材中难免存在不足之处，敬请专家和其他读者批评指正，不胜感谢。

目录

catalog

项目0 绪　论

知识目标

1. 了解装配式建筑的概念、优缺点和发展现状。
2. 熟悉装配式混凝土结构的概念及分类，掌握预制混凝土构件的种类及特点。
3. 掌握预制混凝土构件生产的固定台座法和循环流水线法两种工艺。

能力目标

1. 能区分装配式混凝土建筑与现浇混凝土建筑的优缺点。
2. 能描述不同种类的装配式混凝土结构和预制混凝土构件的特点。
3. 能根据预制混凝土构件生产工艺的特点和适用范围等因素选择合适的生产工艺。

素养目标

1. 培养学生分析问题和解决问题的综合能力。

2. 培养学生爱岗敬业、精益求精的工匠精神和踏实严谨、刻苦钻研、追求卓越、不断进取的科学精神。

引例

海安科创中心工程（图 0-1）位于江苏省南通市海安高新区科创园，是集产业研究、科研生产、科创服务为一体的科技型企业孵化基地，是产城融合、创智、创新、创业引领的示范性基地，是江苏省科技创新体制综合示范区。海安科创中心工程由 7 幢多层建筑、1 幢高层建筑组成，多层建筑为产业研究院、科研生产厂房和配套用房，高层建筑为服务中心，2018 年 6 月 28 日开工，2021 年 7 月 30 日竣工。该工程总建筑面积 127507.12 m^2，其中地上建筑面积 84862.5m^2，地下建筑面积 42644.62 m^2。1#、2#、3#和 7#楼为装配式建筑科技示范工程，其中 1#楼单体预制装配率达到 77.1%，预制混凝土构件类型主要包括：预制柱、预制梁、叠合板、预制楼梯等，填补了当时国内 7 度抗震设防区规范限制高度（50m）内，高预制装配率装配式混凝土框架结构的空白，克服了当时国内 7 度抗震设防区预制装配式混凝土框架结构节点区无国家标准图集和无高层建筑使用先例的双重困难，实现了建造高度和预制装配率的双突破。

海安科创中心工程

图 0-1　海安科创中心工程

请利用本项目所学知识，完成以下任务。

（1）什么是装配式建筑和预制混凝土构件？

（2）装配式混凝土建筑与现浇混凝土建筑有什么区别？

（3）国家为什么大力倡导装配式建筑？

任务 0.1　装配式建筑概述

0.1.1　装配式建筑的概念

根据《装配式混凝土建筑技术标准》（GB/T 51231—2016），装配式建筑（assembled building）指结构系统、外围护系统、设备与管线系统、内装系统的主要部分采用预制部品部件集成的建筑。

装配式建筑相关名词解释如下。

（1）结构系统（structure system）：由结构构件通过可靠的连接方式装配而成，以承受或传递荷载作用的整体。

（2）外围护系统（envelope system）：由建筑外墙、屋面、外门窗及其他部品部件等组合而成，用于分隔建筑室内外环境的部品部件的整体。

（3）设备与管线系统（facility and pipeline system）：由给水排水、供暖通风空调、电气和智能化、燃气等设备与管线组合而成，满足建筑使用功能的整体。

装配式混凝土结构相关概念

（4）内装系统（interior decoration system）：由楼地面、墙面、轻质隔墙、吊顶、内门窗、厨房和卫生间等组合而成，满足建筑空间使用要求的整体。

（5）部品（part）：由工厂生产，构成外围护系统、设备与管线系统、内装系统的建筑单一产品或复合产品组装而成的功能单元的统称。

（6）部件（component）：在工厂或现场预先生产制作完成，构成建筑结构系统的结构构件及其他构件的统称。

知识链接

预制装配率是指装配式建筑室外地坪以上的预制构件、围护结构构件、工业化内装部品的体积（或面积）占该部分总体积（或总面积）的比率。

预制率是指混凝土结构、钢结构、钢-混凝土混合结构、木结构等结构类型的装配式建筑±0.000以上主体结构和围护结构中预制构件部分的材料用量占对应构件材料总用量的比率。

装配率是指装配式建筑中预制构件、建筑部品的数量（或面积）占同类构件或部品总数量（或面积）的比率。

上海市装配式建筑单体预制率和装配率计算细则

装配式建筑包括装配式混凝土建筑、装配式钢结构建筑、装配式木结构建筑及各类装配式组合结构建筑等。本书主要介绍装配式混凝土建筑。

根据《装配式混凝土建筑技术标准》，装配式混凝土建筑（assembled building with concrete structure）指建筑的结构系统由混凝土部件（预制构件）构成的装配式建筑。

将装配式混凝土建筑与现浇混凝土建筑相比，其特点和优势如表0-1所示。

表0-1 装配式混凝土建筑相较于现浇混凝土建筑的特点和优势

序号	项目	装配式混凝土建筑	现浇混凝土建筑
1	工程质量	构件由工厂生产，多道检验，严格按施工图生产，生产条件可控，产品质量有保证，工艺先进，建成建筑品质高	建成建筑品质很大程度上受限于现场施工人员的技术水平和管理人员的管理能力
2	生产效率	生产效率高，例如：生产一层楼梯，两名工人，从制作、绑扎钢筋到搭建模具、浇筑混凝土，全部工厂化流水作业，3小时可完成	生产效率低，例如：生产一层楼梯，两名工人，换作现浇施工，同样流程，至少需要2天

续表

序号	项目	装配式混凝土建筑	现浇混凝土建筑
3	施工工期	工期短，可实现设计、生产、施工、装修一体化、信息化	工期长，难以实现装修部品的标准化、精细化，难以实现设计、施工、装修一体化、信息化
4	施工人员	人员少，技能强，机械化程度高；人员固定，管理难度小	人员多，专业性低；人员流动性大，管理难度大
5	环境保护	工厂生产，大大减少噪声和扬尘，建筑垃圾回收率高	施工现场有扬尘、废水、噪声、垃圾
6	建筑形式	工厂预制，钢模可预先定制，构件造型灵活多样，现场机械吊装，可多种结构形式组合成型	受限于模板架设能力和施工技术水平

虽然装配式混凝土建筑具有以上优势，但目前其在我国建筑工业化发展的应用中仍受到制约，主要核心问题有以下几方面。

（1）建筑的设计、生产、施工及装修各环节相对独立，发挥不了生产线规模化、装配式施工机械化大生产的优势。

（2）产品设计不便于工厂生产、堆放和运输，不便于现场装配，不便于全产业链的资源整合。

（3）设计方法以“等同现浇”为主，结构体系及设计理论上的创新较少。

（4）目前装配式混凝土建筑的应用主要靠政策推动，提高质量、提升效率、减少对用工依赖、节能减排（“两提两减”）的效果尚不明显。

（5）区域发展不平衡，装配式混凝土建筑的普及与各地经济发展水平相关。

（6）专业技术人员和产业工人缺乏。

0.1.2 装配式建筑的发展现状

装配式建筑的概念最早可追溯到20世纪初英国工程师John Alexander Brodie提出的装配式公寓的设想，但他的想法并没有被太多人接受。直至第二次世界大战后，装配式建筑才随着在英国、法国等战争重灾区的大力推广而迎来发展高峰。

装配式建筑知多少

发达国家的装配式住宅经过几十年甚至上百年的时间，已经发展到了相对成熟、完善的阶段。日本、美国、德国、澳大利亚、法国、瑞典、丹麦是最具典型性的国家。各国按照各自的经济、社会、工业化程度、自然条件等方面的特点，选择了不同的道路和方式。

美国装配式住宅盛行于20世纪70年代。1976年，美国国会通过了《国家工业化住宅建造及安全法案》，同年出台一系列严格的行业规范标准，一直沿用至今。除注重质量，现在的装配式住宅更加注重美观、舒适性及个性化。据美国工业化住宅协会统计，2001年，美国的装配式住宅已经达到了1000万套，占美国住宅总量的7%。在美国，大城市住宅的结构类型以装配式混凝土结构和装配式钢结构为主，在小城镇多以装配式轻钢结构、装配式木结构为主。

日本于 1968 年提出了装配式住宅的概念。1990 年推出采用部件化、工业化生产方式的高生产效率、内部结构可变、适应居民多种需求的中高层住宅生产体系。在推进规模化和产业化结构调整进程中，日本住宅产业经历了从标准化、多样化、工业化到集约化、信息化的不断演变和完善的过程。日本政府强有力的干预和支持对住宅产业的发展起到了重要作用，具体做法包括：通过立法来确保装配式住宅的质量；坚持技术创新，制定了一系列住宅建设工业化的方针、政策，建立统一的模数标准，解决了标准化、大批量生产和住宅多样化之间的矛盾。

德国的装配式住宅主要采取混凝土叠合板和剪力墙构件组成的装配式混凝土结构，耐久性较好。德国是世界上建筑能耗降低最快的国家之一，近几年更是提出发展零能耗的被动式建筑。从大幅度节能到被动式建筑，德国都采取了装配式住宅来实现，装配式住宅与节能标准相互之间充分融合。

相比于发达国家，我国建筑工业化水平尚有较大提高空间。中国的城镇化是发展的大趋势，建筑业仍将是最为受益的行业之一，而建筑工业化率也将随着建筑业的发展得到快速的提升。

2016 年 2 月，《中共中央 国务院关于进一步加强城市规划建设管理工作的若干意见》提出要大力推广装配式建筑，减少建筑垃圾和扬尘污染，缩短建造工期，提升工程质量。制定装配式建筑设计、施工和验收规范。完善部品部件标准，实现建筑部品部件工厂化生产。鼓励建筑企业装配式施工，现场装配。建设国家级装配式建筑生产基地。《中共中央 国务院关于进一步加强城市规划建设管理工作的若干意见》还提出了“适用、经济、绿色、美观”的方针，力争用 10 年左右时间，使装配式建筑占新建建筑的比例达到 30%。

2017 年 3 月，中华人民共和国住房和城乡建设部出台了《“十三五”装配式建筑行动方案》，明确到 2020 年，全国装配式建筑占新建建筑的比例达到 15%以上，其中重点推进地区达到 20%以上，积极推进地区达到 15%以上，鼓励推进地区达到 10%以上。

各地政府紧跟中央步伐，陆续颁发推广装配式建筑的相关文件。据不完全统计，地级市及以上政府就装配式建筑发布的政策文件超过 100 份。其中《江苏建造 2025 行动纲要》指出，到 2020 年，装配式建造的技术体系、生产体系、监管体系基本完善，打造一批具有规模化和专业化水平的龙头企业，培养一批具有装配式建造专业化水平的经营管理人员和产业工人。建成国家级建筑产业现代化基地 20 个，省级示范城市 15 个，示范基地 100 个，示范项目 100 个，装配式建筑占新建建筑比例达到 30%，设区市新建成品住房比例达到 50%以上，其他城市达到 30%以上，通过试点示范和政策推动，率先建成全国建筑产业现代化示范省份。到 2025 年，装配式建造成为主要建造方式，实现装配式建筑、智慧建筑、绿色建筑的深度融合。装配式建筑占新建建筑比例达到 50%，新建成品住房比例达到 50%以上，建筑产业现代化水平继续保持在全国的领先地位。

火神山、雷神山医院快速建造技术

任务 0.2　装配式混凝土结构概述

0.2.1　装配式混凝土结构的概念

根据《装配式混凝土结构技术规程》(JGJ 1—2014)，装配式混凝土结构（precast concrete structure）指由预制混凝土构件通过可靠的连接方式装配而成的混凝土结构，包括装配整体式混凝土结构、全装配混凝土结构等。在建筑工程中，简称装配式建筑；在结构工程中，简称装配式结构。

0.2.2　装配式混凝土结构的分类

装配式混凝土结构根据结构形式可分为装配式混凝土剪力墙结构、装配式混凝土框架结构、装配式混凝土框架-现浇剪力墙结构等类型，在具体的工程结构中，可以根据建筑物高度、抗震等级、抗震设防烈度、功能等要求来确定所需的结构类型。

1. 装配式混凝土剪力墙结构

剪力墙结构是用墙体来代替框架结构中的梁、柱，使其承担各类荷载引起的内力，并能有效控制结构的水平力的结构。装配式混凝土剪力墙结构是全部或部分剪力墙采用预制墙板的剪力墙结构，简称装配式剪力墙结构，如图 0-2（a）所示。剪力墙结构刚度很大，空间整体性好，房间内无明梁、明柱，便于室内布置，方便使用。它是高层住宅采用最为广泛的一种结构形式。

基本特征：主体结构剪力墙采用预制墙板，楼板采用叠合板，楼梯、雨篷、阳台及其他围护结构经预制而成。剪力墙根据预制形式不同可以分为整体预制和叠合预制两种类型。

2. 装配式混凝土框架结构

装配式混凝土框架结构是按标准化设计，根据建筑和结构的特点将梁、柱、板、楼梯、阳台、外墙等构件拆分，在工厂进行标准化预制生产，在现场采用机械化安装和可靠的连接方式形成的框架结构建筑，简称装配式框架结构，如图 0-2（b）所示。

（a）装配式剪力墙结构

（b）装配式框架结构

图 0-2　装配式混凝土结构

基本特征：主体结构框架采用预制梁、柱，楼板采用叠合板，楼梯、雨篷、阳台及其他围护结构经预制而成。连接方式主要采用钢筋套筒灌浆连接。

3. 装配式混凝土框架-现浇剪力墙结构

装配式混凝土框架-现浇剪力墙结构简称装配式框架-现浇剪力墙结构。其采用的框架-剪力墙结构体系，是在框架结构中布置一定数量的剪力墙，构成灵活自由的使用空间，以便满足不同建筑功能的要求，同时，足够数量的剪力墙又能提供相当大的侧向刚度，简称框剪结构。

基本特征：装配式框架-现浇剪力墙结构是由装配式框架结构和现浇剪力墙两部分组成的，其中框架部分采用与装配框架结构相同的预制装配技术。装配式框架-现浇剪力墙结构使预制装配框架技术在高层及超高层建筑中得以应用。

任务 0.3　预制混凝土构件的种类

预制混凝土构件（precast concrete component）指在工厂或现场预先制作的混凝土构件，简称预制构件。

预制构件主要包括：预制柱、预制梁（叠合梁）、预制楼板（叠合板）、预制楼梯、预制墙板、预制阳台板、预制空调板、预制女儿墙、预制飘窗等，如图 0-3 所示。

（a）预制柱

（b）叠合梁

（c）叠合板

预制构件展示

（d）预制楼梯

（e）预制墙板

（f）预制阳台板

图 0-3　预制混凝土构件

装配式建筑标准层施工工艺

一般情况下，建筑物的基础、首层和顶层楼板，结构转换层，叠合构件的叠合层和一些构件的结合部位需要采用现浇混凝土。有时候，高层建筑的裙楼部分由于层数少、开模量大等因素也选择采用现浇混凝土。对于有抗震要求的建筑，规范规定一些特定部位必须现浇，如装配式框架-现浇剪力墙结构的剪力墙、装配式框架-现浇核心筒结构的核心筒、装配式剪力墙结构的底部加强部位的剪力墙等。

任务 0.4　预制混凝土构件生产工艺

0.4.1　预制混凝土构件生产工艺概述

一个构件一个“身份证”

预制混凝土构件一般情况下在工厂制作。如果建筑工地距离工厂太远，或通往工地的道路无法通行运送构件的大型车辆，也可以在工地制作。

预制混凝土构件生产工艺主要分固定台座法和流动模台法两种。选用哪一种工艺组织生产，与构件类型、复杂程度有关，与市场需求、场地大小、生产规模、投资者的偏好等因素也有关。

0.4.2　固定台座法

固定台座法的模具布置在固定的位置，包括固定模台法、立模法和预应力法等。

1. 固定模台法

固定模台法是预制混凝土构件生产的主要工艺，其应用十分广泛，关键设备是固定模台。

固定模台是一块平整度较高的钢结构平台（图 0-4），也可以是高平整度、高强度的水泥基复合材料平台。固定模台作为预制混凝土构件的底模，可在模台上固定构件侧模，组合成完整的模具。

图 0-4　固定模台

固定模台法可以生产柱、梁、楼板、墙板、楼梯、飘窗、阳台板、转角板等各式构件，它的最大优势是适用范围广，灵活方便，适应性强，启动资金少。

对于自带底模的构件，如立式浇筑的柱，在U形模具中制作的梁、柱等，其模具不用固定在固定模台上，其他工艺流程与固定模台法相同。

2. 立模法

立模法是预制混凝土构件固定生产工艺的一种，是指立式而非放平浇筑的预制混凝土构件。

立模有独立立模和成组立模。例如，单独一个竖直的、用于浇筑柱的模具或一个侧立的、用于浇筑楼梯的模具就是独立立模；成组浇筑墙板的模具就是成组立模。

成组立模可以在轨道上平行移动，在安放钢筋、钢筋套筒、预埋件时，模具移开一定距离，留出足够的作业空间。等安放钢筋结束后，模具再移动到墙板宽度所要求的位置，然后封堵侧模。

立模法适合无装饰面层、无门窗洞口的墙板、清水混凝土柱和楼梯等构件。其最大优势是节约用地。立模法生产的构件，里面没有抹压面，脱模后不需要翻转。

立模法不适合楼板、梁、夹心保温外墙板、装饰一体化板的生产；侧边出筋的、复杂的剪力墙也不太适合；柱也仅限于四面光洁的柱，其他情形下的柱生产采用立模法成本会比较高。

3. 预应力法

预应力法分为先张法和后张法。

先张法是在固定的钢筋张拉模台上制作构件。钢筋张拉模台是一个长条平台，两端是钢筋张拉设备和固定端，钢筋张拉后在长条平台上浇筑混凝土，养护达到要求强度后，拆卸边模和肋模，然后卸载钢筋拉力，切断钢筋，如图 0-5 所示。其一般用于制作大跨度预应力楼板、预应力叠合楼板或预应力空心楼板。

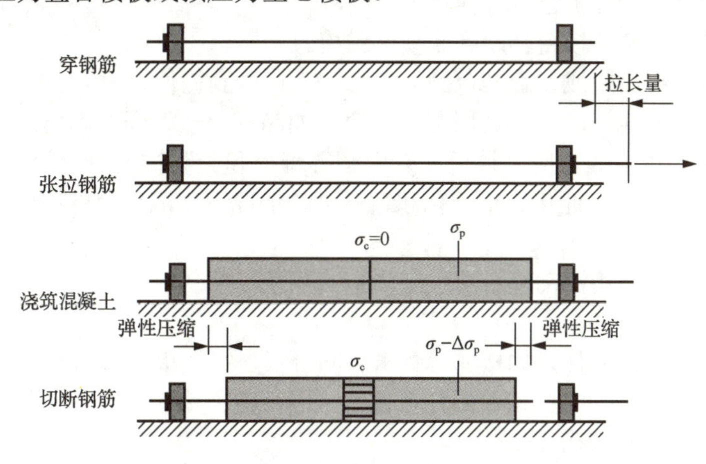

图 0-5 先张法施工

后张法与先张法的主要操作区别在于：先浇筑构件混凝土，同时预留预应力钢筋（或钢绞线）孔道，在构件混凝土强度达到规定要求后，穿入钢筋并进行张拉锚固，最后向孔道内灌浆，如图 0-6 所示。其主要用于制作预应力梁或预应力叠合梁，也可用于制作预应力板。

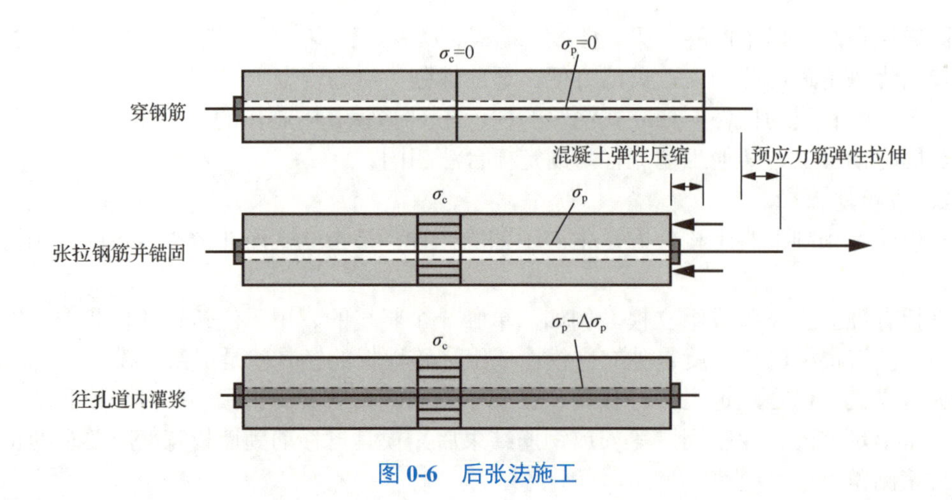

图 0-6　后张法施工

0.4.3 流动模台法

流动模台法的模具在流水线上移动，也称为流水线法，包括手控流水线法、半自动流水线法和全自动流水线法。

流动模台法的模台在滚轴或轨道上移动，生产构件的步骤如下。

（1）模台在组模区组模。

（2）模台移动到放置钢筋和预埋件的作业区段，进行钢筋和预埋件入模作业。

（3）模台再移动到浇筑振捣平台上进行混凝土浇筑。

（4）浇筑完成后，振动模台，对混凝土进行振捣。

（5）将模台移动到养护窑进行养护。

（6）养护结束出窑，模台移动到脱模区脱模。

（7）构件被直接吊起或在翻转台翻转后吊起，运送到构件存放区。

流动模台法设备投资较大，适用范围较窄，如品种单一、表面不出筋、表面装饰不复杂的混凝土板式构件（非预应力楼板、双面空心墙板和无装饰层墙板等）。在预制混凝土构件标准化、规格化、专业化、单一化和数量大的情况下，流动模台法可以实现较高的自动化和智能化生产。

以下情况不适合采用流动模台法生产。

（1）生产梁、柱构件。

（2）生产一些异形构件，如楼梯、飘窗、阳台板、挑檐板、转角板等。

（3）建造以剪力墙为主要构件的住宅建筑，因其剪力墙大多为两边甚至三边出筋，还有一边为灌浆套筒或浆锚孔。

（4）生产有表面装饰要求或保温要求的外墙板，工序复杂。

流动模台法可以实现自动清扫模具、自动涂刷脱模剂、计算机控制在模台上画出模具边线和预埋件位置、机械臂安放磁性边模和预埋件、自动加工钢筋网、自动安放钢筋网、自动布料并浇筑振捣、计算机控制养护窑养护温度与湿度、自动脱模翻转、自动回收边模等。

0.4.4 预制混凝土构件生产工艺比较

前述各种预制混凝土构件生产工艺的特点和适用范围的比较，如表 0-2 所示。

表 0-2 预制混凝土构件生产工艺的特点和适用范围比较

<table>
<tr><th colspan="3">预制混凝土构件生产工艺</th><th>特点</th><th>适用范围</th></tr>
<tr><td rowspan="4">固定台座法</td><td colspan="2">固定模台法</td><td>适用范围广，灵活方便，适应性强，启动资金少</td><td>柱、梁、楼板、墙板、楼梯、飘窗、阳台板、转角板等</td></tr>
<tr><td colspan="2">立模法</td><td>立式浇筑预制混凝土构件，节约用地；生产的构件内侧没有抹压面，脱模后不需要翻转</td><td>无装饰面层、无门窗洞口的墙板，清水混凝土柱和楼梯等</td></tr>
<tr><td rowspan="2">预应力法</td><td>先张法</td><td>先张拉钢筋、后浇筑混凝土，切断预应力钢筋，卸载钢筋拉力</td><td>大跨度预应力楼板、预应力叠合楼板或预应力空心楼板</td></tr>
<tr><td>后张法</td><td>先浇筑构件混凝土，同时预留预应力钢筋的孔道，再穿入钢筋，张拉锚固</td><td>预应力梁或预应力叠合梁、预应力板</td></tr>
<tr><td rowspan="3">流动模台法（流水线法）</td><td colspan="2">手控流水线法</td><td rowspan="3">预设自动化流程</td><td rowspan="3">非预应力楼板、双面空心墙板和无装饰层墙板等</td></tr>
<tr><td colspan="2">半自动流水线法</td></tr>
<tr><td colspan="2">全自动流水线法</td></tr>
</table>

0.4.5 预制混凝土构件生产工艺的选择

预制混凝土构件工厂的建设首先应根据市场定位确定预制混凝土构件的生产工艺，可以选用单一的工艺方式，也可以选用多工艺组合的方式。生产工艺的选择主要有 6 种方案，如表 0-3 所示。

表 0-3 预制混凝土构件生产工艺的选择说明

序号	生产工艺	说明
1	固定模台法	该工艺可以生产各种构件，灵活性强，可以承接各种构件
2	固定模台法+立模法	在固定模台法的基础上，附加一部分立模区
3	单流水线法	适应性强，专业生产标准化的板式构件，如叠合楼板
4	单流水线法+部分固定模台法	流水线生产板式构件，设置部分固定模台生产复杂构件
5	双流水线法	布置两条流水线，各自生产不同的产品，都达到较高的效率
6	预应力法	在有预应力构件需求时设置，当市场需求量较大时，可以建立专业工厂，不生产其他的构件；也可仅作为附加生产线

0.4.6 预制混凝土构件生产施工流程

预制混凝土构件在工厂里生产一般要经历多道工序，从模具平台准备开始，经过隐蔽工程验收、混凝土浇筑、构件养护和脱模、成品检查、成品修补、成品出厂检查环节，然后运输至施工现场进行吊装施工，最后完成质量验收等。预制混凝土构件生产施工流程图，如图 0-7 所示。

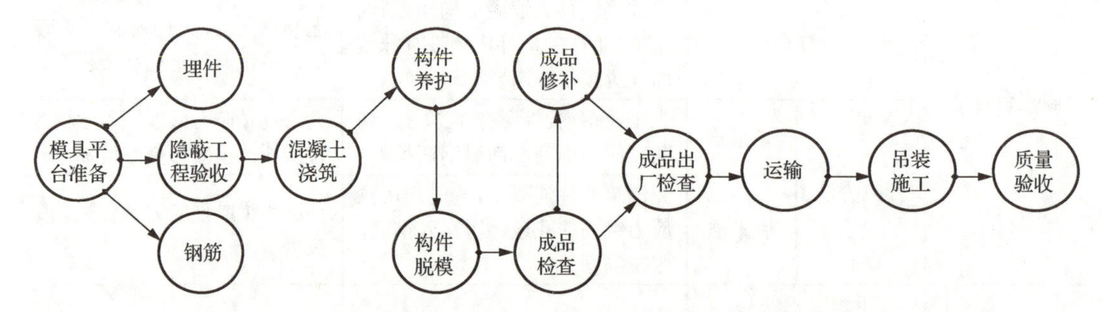

图 0-7 预制混凝土构件生产施工流程图

项目小节

通过本项目学习，需掌握以下内容。

（1）装配式建筑概念，预制装配率、预制率、装配率的概念与区别。

（2）装配式混凝土建筑的特点和优势，预制装配式建筑发展现状。

（3）装配式混凝土结构类型及其特性，常用的预制混凝土构件种类。

（4）预制混凝土构件固定台座法和流动模台法两种生产工艺的特点、比较与选择。

习 题

根据本项目所学内容和涉及相关规范，完成以下习题。

一、单选题

1．由工厂生产，构成外围护系统、设备与管线系统、内装系统的建筑单一产品或复合产品组装而成的功能单元的统称，指的是（　　）。

A．部件　　B．模块　　C．部品　　D．预制空间组件

2．固定模台法生产线更加灵活，能够克服异形构件（ ）难以控制的缺点，提高车间的生产效率。

A．生产质量 B．生产进度 C．生产节拍 D．生产效率

3．目前，国内常见的固定台模规格有 9m×3.5m、（ ）、12m×3.5m，以及 18m×4m 的长线台等。

A．9m×4m B．2.5m×9m C．2m×9m D．1.5m×9m

4．预应力钢筋张拉设备和压力表应配套标定和使用，标定期限不应超过（ ）。

A．三个月 B．半年 C．一年 D．三年

5．《装配式混凝土建筑技术标准》适用于抗震设防烈度为（ ）的装配式混凝土建筑的设计、生产运输、施工安装和质量验收。

A．8 度及以下 B．6 度到 9 度 C．9 度以下 D．6 度到 8 度

6．下列关于装配式建筑 BIM 的描述中，不正确的是（ ）。

A．通过 BIM 的标准化设计，可大大减少预制构件的种类

B．BIM 的精细化设计现阶段还不能充分考虑管线及其他相关预留预埋

C．通过 BIM 的模块化设计，组建模块库，可以像搭积木一样组装建筑模型

D．基于 BIM 技术可实现统一模型，实现全专业协同设计和优化

7．下列关于装配式建筑描述不正确的是（ ）。

A．预制混凝土构件是在工厂里预制的，能最大限度地改善墙体开裂、渗漏等质量通病，并提高住宅整体安全等级、防火性和耐久性

B．利用 BIM 技术深入应用，对装配式施工现场进行三维模拟排布，直观有效地对施工人员进行技术讲解

C．利用 BIM 技术可以高效地统计装配式预制混凝土构件所需的各种信息

D．BIM 中不包含装配式建筑的任何信息

8．预制混凝土构件生产企业和施工现场制作的预制混凝土构件应按照现行国家标准（ ）的规定进行验收。

A．GB 51204—2016 B．GB 50304—2015

C．GB 50017—2017 D．GB 50204—2015

9．与现浇混凝土结构相比，装配式混凝土结构施工现场布置需考虑的重点是（ ）。

A．模板堆场 B．预制混凝土构件的运输与存放

C．办公、生活区的设置 D．材料仓库

二、多选题

1．属于装配式混凝土建筑的水平构件是（ ）。

A．叠合楼板 B．预制墙板 C．预制楼梯 D．叠合梁

2．装配率是指预制混凝土构件与全部构件的（ ）。

A．数量比 B．质量比 C．体积比 D．面积比

3．流动模台法适用于生产（ ）构件。

A．剪力墙 B．门窗 C．楼梯 D．叠合楼板

4．可通过（ ）来实现高效率、高质量的装配式建筑成品。

A．连接安装 B．精细化施工 C．监管 D．验收

5．发展装配式建筑对建筑工业化和住宅产业化的意义包括（　　）。

A．改变传统建筑业落后的生产方式

B．实现了施工流程完全可控

C．符合可持续发展理念

D．符合国家建筑业相关政策

6．常见的预制混凝土构件类型包括（　　）。

A．空调板　　B．外挂墙板　　C．内墙板　　D．条凳

7．装配率计算公式：$P=(Q_1+Q_2+Q_3)/(100-Q_4)\times100\%$，公式中各符号含义解释正确的有（　　）。

A．P——装配率

B．Q_1——主体结构指标实际得分值

C．Q_2——围护外墙和内隔墙指标实际得分值

D．Q_4——评价项目中缺少的评价项分值总和

三、简答题

1．常见的预制混凝土构件有哪些？

2．固定模台法生产工艺适合生产哪些预制混凝土构件？

3．流动模台法的操作步骤是怎样的？

4．简述预制率与装配率的概念和区别。

5．请绘制预制混凝土构件生产流程图。

6．如何合理选择预制混凝土构件生产工艺？

7．什么是先张法？什么是后张法？两者适用范围是什么？

8．什么是装配式混凝土建筑与现浇混凝土建筑？各自有什么优缺点？

9．哪些情况下仍然需要现场浇筑混凝土？

10．预制混凝土构件生产工艺有哪些？适用范围是什么？

项目 1 预制墙板工程

知识目标

1. 熟悉预制墙板的生产工艺。
2. 掌握预制墙板的生产流程。
3. 了解预制墙板构件质量检验的主要内容。
4. 了解预制墙板安装施工流程。
5. 掌握预制墙板安装工艺与方法。
6. 熟悉预制墙板安装质量控制和安全环保施工的注意事项。

能力目标

1. 能监督预制墙板的生产过程。
2. 能进行预制墙板的质量验收和记录。
3. 能够在现场进行装配式建筑测量定位、预制墙板安装。
4. 学会确保预制墙板安装质量的控制措施、安全环保措施，使预制墙板安装满足设计及施工要求。

素养目标

1. 培养学生分析、解决问题的综合能力，交往协作能力和社会责任感。
2. 培养学生求真务实、精益求精的工匠精神和团队协作的精神。

引例

中建绿色建筑产业园（济南）有限公司申报的济南市中建绿色建筑预制混凝土构件生产线，入选住房和城乡建设部第一批智能建造新技术新产品创新服务典型案例，其工厂如图 1-1 所示。该生产线建立了集数据采集、流程传递、综合管理的智能工厂管理平台，采用了高效混凝土搅拌设备、钢筋自动化加工设备、智能原材仓储设备、智能传感与控制设备等自动化、智能化生产设备，经过生产线的合理布置及工序的合理安排，实现了多种自动化、智能化设备协同联动，提升了预制混凝土构件生产效率和质量。相比于传统生产模式，该生产线生产效率可提高约 30%。其中第三跨生产线是流水生产线，采用移动模台，主要以生产预制墙板为主，单个班次可生产预制墙板 60 块，约合日产 $100m^3$。

行业新技术、新产品

图 1-1　济南市中建绿色建筑预制混凝土构件生产工厂

请利用本项目所学知识，完成以下任务。

如果你是一名预制混凝土构件质检员，你会如何对预制墙板进行质量验收？其生产和施工的质量验收标准有哪些？

任务 1.1　预制墙板生产

1.1.1　预制墙板分类

预制墙板有内、外预制墙板之分，具体包括预制实心剪力墙板（图 1-2）和预制叠合剪力墙板（图 1-3），其中预制叠合剪力墙板包括预制夹心保温剪力墙板、预制双面叠合剪力墙板和预制外挂墙板等。

图 1-2　预制实心剪力墙板

双面叠合剪力墙的生产

（a）预制夹心保温剪力墙板

（b）预制双面叠合剪力墙板

图 1-3　预制叠合剪力墙板

预制外挂墙板指安装在主体结构上，起围护、装饰作用的非承重预制外墙板。

1.1.2 预制墙板生产

1. 预制墙板的生产工艺

（1）固定模台法。

固定模台法指预制墙板在一个固定的地点成型和养护。布筋、成型、养护和拆模等工序所需的一切材料和设备都供应到预制墙板成型处。普通混凝土墙板固定模台法生产工艺流程如图 1-4 所示。

特点：固定模台法是生产墙板及其他构件采用较多的一种方法，常用于生产单一材料或复合材料混凝土墙板以及整间大楼板。对于构造简单的内墙板可重叠生产，墙板重叠层数以 10 层为宜，若层数太多，上料不便，会延长工期；反之则会增加模台面积，相对费用亦会增加。外墙板由于生产工艺比较复杂，不宜采用重叠生产。

（2）流动模台法。

流动模台法指把生产过程分成若干工序，每个工序依次在生产线上的固定工位上进行。复合外墙板流动模台法生产工艺流程如图 1-5 所示。

特点：流动模台法的模台一般采用钢平模，钢平模由沿轨道行走的模车、底模、侧模、上下端模和支护连接系统组成，若生产有门窗洞口的墙板构件还需配有门窗洞口钢模。

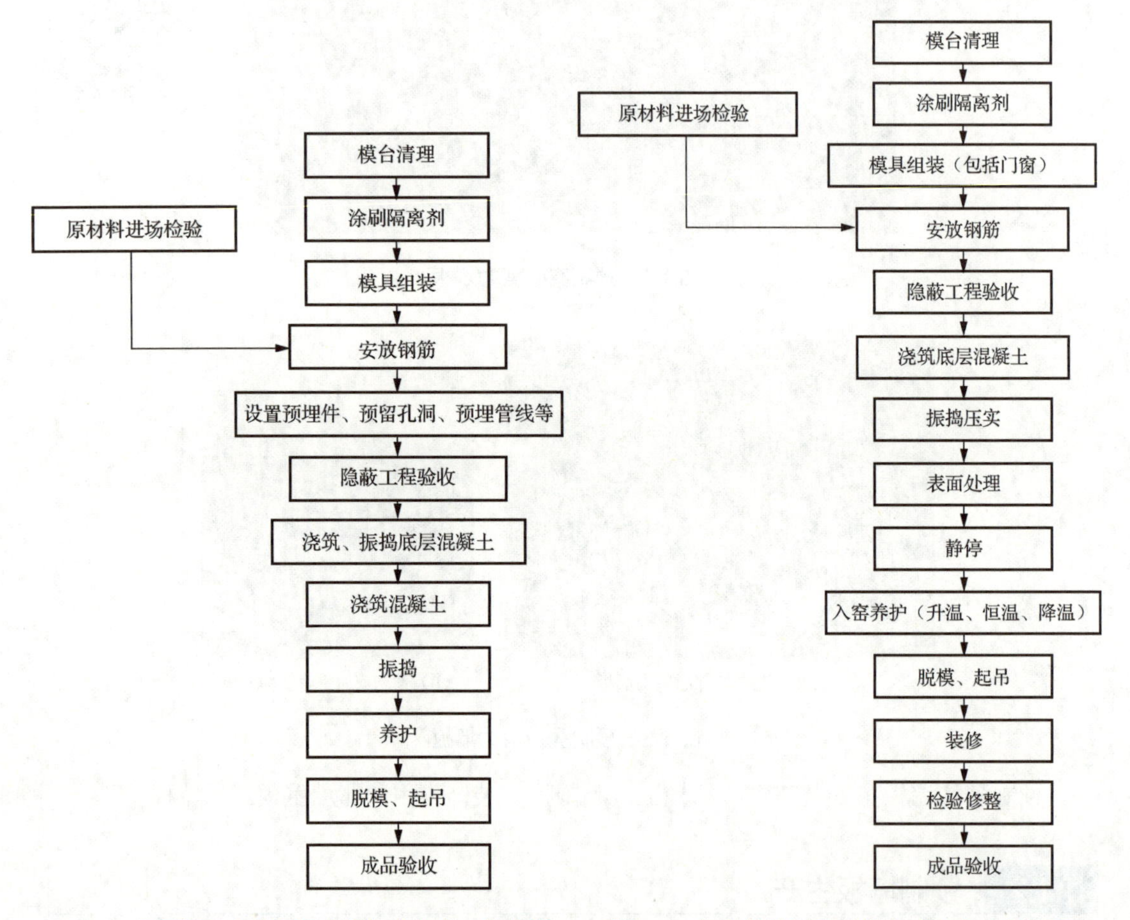

图 1-4　普通混凝土墙板固定模台法生产工艺流程　　图 1-5　复合外墙板流动模台法生产工艺流程

（3）成组立模法。

成组立模法指墙板在垂直位置成组地进行生产，可采用钢立模和钢筋混凝土立模。通过模外设备进行振动成型，并采用模腔通热进行密闭热养护。外墙板成组立模法生产工艺流程如图 1-6 所示。

特点：所需时间短，占地面积小，生产效率高，但只能生产单一材料墙板。

2. 预制墙板生产通用工艺流程

预制墙板生产通用工艺流程如图 1-7 所示。生产预制外挂墙板时取消安装灌浆套筒相关工艺流程。

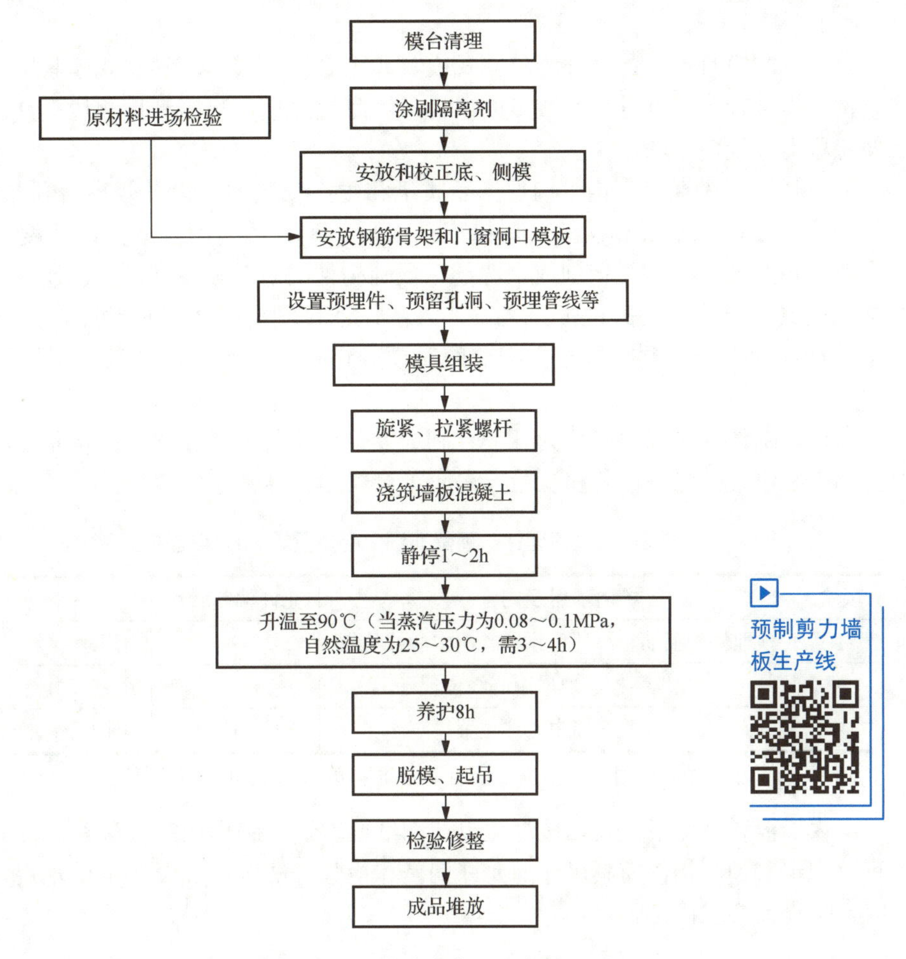

图 1-6　外墙板成组立模法生产工艺流程

预制剪力墙板生产线

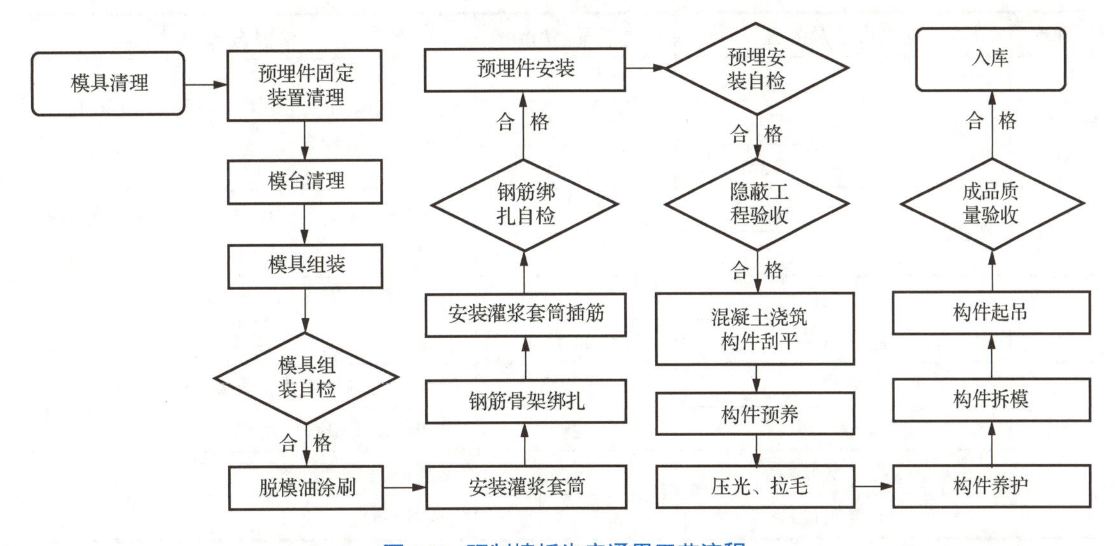

图 1-7　预制墙板生产通用工艺流程

3. 模具准备

现有的模具设计体系分为独立式模具和大底模式模具。独立式模具用钢量较大，适用于构件类型较单一且重复次数多的项目；大底模式模具只需制作侧边模具，底模可以在其他工程上重复使用。

模具的好坏直接决定了构件产品质量和生产安装的质量及效率，预制构件模具的制造关键是精度，包括尺寸误差、焊接工艺水平、模具边棱的打磨光滑程度等。模具组合后应严格按照要求涂刷脱模剂或水洗剂。预制构件的质量和精度是保证建筑质量的基础，也是装配式建筑施工的关键工序之一，为了保证预制构件质量和精度，必须采用专用的模具进行构件生产，预制构件生产前应对模具进行检查验收，严禁采用地胎模具等“土办法”。

模具制作加工工序概括为开料、制成零件、拼装成模。固定在模具上的预埋件、预留孔洞中心位置等允许偏差和检验方法应符合表 1-1 的规定。

表 1-1　预埋件、预留孔洞中心位置等允许偏差和检验方法

项次	检验项目及内容	允许偏差/mm	检验方法
1	预埋件、插筋、吊环、预留孔洞中心线位置	3	用钢尺量测
2	预埋螺栓、螺母中心线位置	2	用钢尺量测
3	灌浆套筒中心线位置	1	用钢尺量测

注：检验中心线位置时，应沿纵、横两个方向量测，并取其中的较大值。

内墙板和外墙板模具均按深化设计图纸要求进行制作加工。《装配式混凝土结构技术规程》规定，预制构件模具尺寸的允许偏差和检验方法应符合表 1-2 的规定。当设计有要求时，按设计要求确定。

表 1-2　预制构件模具尺寸的允许偏差和检验方法

<table>
<tr><th>项次</th><th colspan="2">检验项目及内容</th><th>允许偏差/mm</th><th>检验方法</th></tr>
<tr><td rowspan="3">1</td><td rowspan="3">长度</td><td>≤6m</td><td>1，-2</td><td rowspan="3">用钢尺测量平行于构件高度方向，取其中偏差绝对值较大处</td></tr>
<tr><td>>6m 且≤12m</td><td>2，-4</td></tr>
<tr><td>>12m</td><td>3，-5</td></tr>
<tr><td rowspan="2">2</td><td rowspan="2">截面尺寸</td><td>墙板</td><td>1，-2</td><td rowspan="2">用钢尺测量两端或中部，取其中偏差绝对值较大处</td></tr>
<tr><td>其他构件</td><td>2，-4</td></tr>
<tr><td>3</td><td colspan="2">对角线差</td><td>3</td><td>用钢尺测量纵、横两个方向对角线</td></tr>
<tr><td>4</td><td colspan="2">侧向弯曲</td><td>L/1500 且≤5</td><td>拉线，用钢尺测量侧向弯曲最大处</td></tr>
<tr><td>5</td><td colspan="2">翘曲</td><td>L/1500</td><td>对角拉线测量交点间距离值的两倍</td></tr>
<tr><td>6</td><td colspan="2">底模表面平整度</td><td>2</td><td>用 2m 靠尺和塞尺量测</td></tr>
<tr><td>7</td><td colspan="2">组装缝隙</td><td>1</td><td>用塞片或塞尺量测</td></tr>
<tr><td>8</td><td colspan="2">端模与侧模高低差</td><td>1</td><td>用钢尺量测</td></tr>
</table>

注：L 为模具与混凝土接触面中最长边的尺寸。

4. 模具组装

（1）模具以钢模为主，面板主材选用 Q235 钢板，支撑结构可选型钢或者钢板，规格可根据模具形式选择，支撑体系应具有足够的承载力、刚度和稳定性，应保证在构件生产时能可靠承受浇筑混凝土的质量、侧压力及工作荷载。

（2）预制装配式混凝土墙板的模板与支撑体系应保证工程结构和构件的各部分形状、尺寸、相对位置的准确，且应便于钢筋安装和混凝土浇筑、养护。

（3）参照图纸上所标注的尺寸，安装模具挡边及预埋件和工装，使用卷尺对挡边的位置尺寸进行测量自检：长、宽允许公差为 5mm；对角线允许偏差为 5mm；挡边与台车面贴合尺寸允许公差为贴合间隙小于 2mm；确定模具位置尺寸时至少要测量 2 个位置点；所有压铁都需要进行二次锁紧，防止遗漏导致产品挤出造成质量缺陷。

（4）清理模具（图 1-8）。

① 使用加长型铁铲进行混凝土渣清除，采用斜铲的方式，铁铲与清除面呈 45° 夹角，按照由近到远的方向顺推，尽量争取一次清除，难以清除的混凝土渣及残留物使用铁锤敲落，清理完成后用毛刷去除粉尘。

② 使用铁铲敲落表面混凝土渣，再用尖细铁件对工装孔洞内混凝土渣进行清除，清理完成后用毛刷去除粉尘。

③ 使用扫把清扫掉落的混凝土渣及残留物，将混凝土渣及残留物清扫成堆，使用簸箕将混凝土渣及残留物运至垃圾车内。

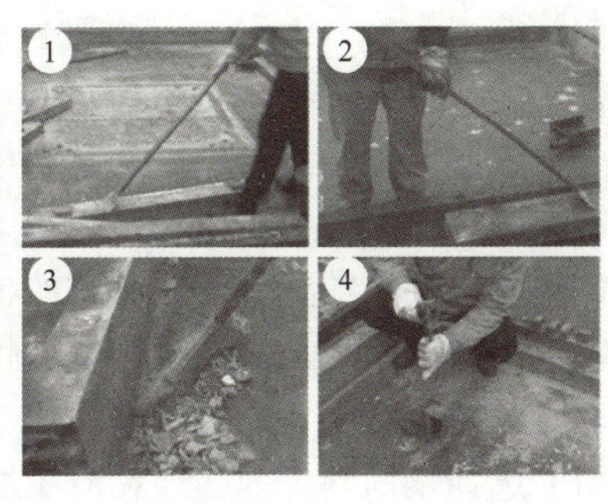

图 1-8 清理模具

1.1.3 预制墙板钢筋加工与铺设

1. 准备工作

钢筋一般采用光圆钢筋、带肋钢筋（螺纹钢筋）或预应力钢筋。

（1）核对成品钢筋的牌号、直径、形状、尺寸和数量等是否与料单、料牌相符。如有错漏，应纠正增补。

（2）准备绑扎用的铁丝、绑扎工具，绑扎架等。钢筋绑扎用的铁丝，可采用 20～22 号铁丝，其中 22 号铁丝只用于绑扎直径 12mm 以下的钢筋。

（3）准备控制混凝土保护层用的混凝土垫块。

（4）划出钢筋位置线。钢筋接头的位置，应根据来料规格，结合有关接头位置、数量的规定，使其错开，在模板上划线。

（5）绑扎形式复杂的结构部位时，应先研究逐根钢筋穿插就位的顺序，并与模板工人联系讨论支模和绑扎钢筋的先后次序，以减少绑扎困难。

2. 钢筋入模要求

钢筋骨架、钢筋网片应满足预制构件设计图要求，宜采用专用钢筋定位件，入模应符合下列要求。

（1）钢筋骨架入模时应平直、无损伤，表面不得有油污或者锈蚀。

（2）钢筋骨架尺寸应准确，骨架吊装时应采用多吊点的专用吊架，防止钢筋骨架产生变形。

（3）保护层垫块宜采用塑料类垫块，且应与钢筋骨架或钢筋网片绑扎牢固，垫块按梅花状布置，间距满足钢筋限位及控制变形要求。

（4）目前对于夹心外墙板，应采用内、外叶墙板专用拉结件。

3. 置筋工序

（1）先确认图纸的构件尺寸，根据钢筋网片配置方案，选择对应的钢筋网片并将其切割成模具需要的尺寸，再在四周绑扎加强筋。

（2）将切割后的钢筋网片放置到模具内，并调整钢筋端头与边模保持 2cm 的间距。

（3）用工具将线盒和孔洞预留位置的网片钢筋切掉。

（4）按 4 个/m^2 的标准在钢筋网片下放置垫块，先放置网片四周，再往中心方向内缩放置。

（5）据图纸上的构件型号选择相应的钢筋笼，注意对钢筋笼的形状、尺寸、箍筋数量进行确定。

（6）将钢筋笼放置到图纸要求的位置，将钢筋笼的箍筋穿过上边模的槽口达到图纸要求的高度，并和边模上的限位装置绑扎。

4. 注意事项

（1）选择钢筋网片前必须看清图纸，确定钢筋网片规格。

（2）钢筋网片切割时端头必须与内外边模、孔洞、预埋件保持 2cm 的间距，作为浇筑混凝土后的保护层厚度。

（3）加强筋绑扎固定点应满足 50cm 至少两个固定点的要求。

（4）选择钢筋笼前必须看清图纸，确定其标示型号。

（5）钢筋任何端头不能接触所有边模及模台。

（6）钢筋笼任一钢筋必须与内外边模、孔洞、预埋件保持 2cm 的保护层。

（7）底层扎丝丝头的方向要求统一朝上，防止扎丝突出构件表面，造成构件表面出现锈渍。

1.1.4 灌浆套筒及其他预埋件的安装

1. 灌浆套筒

钢筋连接用灌浆套筒是通过水泥基灌浆料的传力作用将钢筋对接连接所用的金属套筒。

灌浆套筒按照结构形式分类，分为半灌浆套筒和全灌浆套筒，如图 1-9 所示。前者一端采用灌浆方式与钢筋连接，另一端采用非灌浆方式与钢筋连接（通常采用螺纹连接）；后者两端均采用灌浆方式与钢筋连接。半灌浆套筒常用于预制墙板和预制柱的钢筋连接；全灌浆套筒常用于预制梁的钢筋连接，也可用于预制墙板和预制柱的钢筋连接。

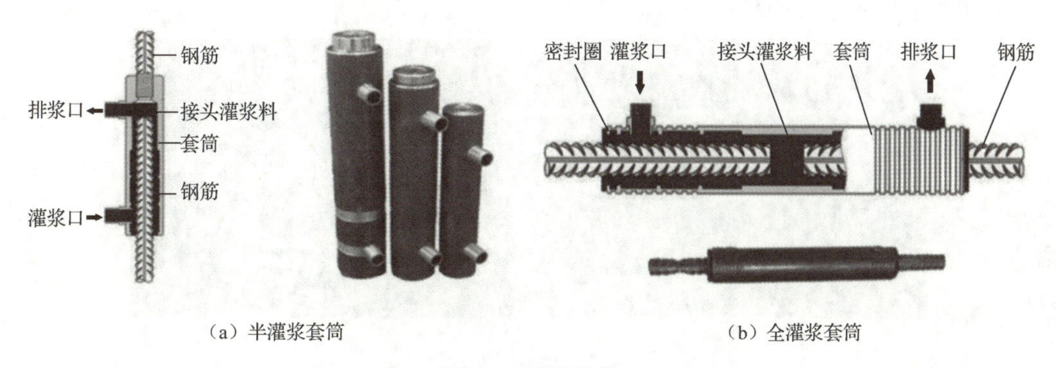

（a）半灌浆套筒　　（b）全灌浆套筒

图 1-9　灌浆套筒

灌浆出浆管是灌浆接头与构件外表面联通的通道，需要保证生产中灌浆出浆管与灌浆套筒连接处连接牢固，且可靠密封，管路全长内管路内截面圆形饱满，保证灌浆通路顺畅。选用的灌浆出浆管内（外）径尺寸精确，与套筒接头（孔）相匹配，安装配合紧密，无间隙、密封性能好；管壁坚固，不易破损或压瘪，弯曲时不易折叠或扭曲变形影响管道内径，首选硬质 PVC 管，其次选用薄壁 PVC 增强塑料软管。

套筒固定组件是预制墙板构件生产的专用部件，使用该组件可将灌浆套筒与预制墙板的模板进行连接和固定，保证按预制墙板设计图准确定位和保证浇筑混凝土时不位移。图 1-10 所示为螺母锁紧挤压式套筒固定组件，图 1-11 所示为销轴固定式套筒固定组件。预制墙板生产时应将灌浆套筒的灌浆口密封，防止混凝土浇筑、振捣中水泥浆侵入灌浆套筒内。

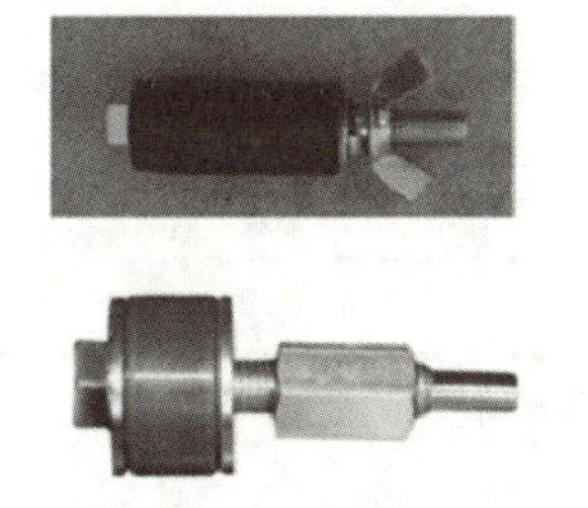

图 1-10　螺母锁紧挤压式套筒固定组件

图 1-11　销轴固定式套筒固定组件

2. 其他预埋件

预埋件是指预先安装在预制构件中，起保温、减重、吊装、连接、定位、锚固、装饰等作用的构件，按用途可分为以下类型。

（1）结构连接件：连接构件与构件（钢筋与钢筋）或起到锚固作用的预埋件，如灌浆套筒、钢筋锚板、直螺纹套管、金属波纹管、内墙连接件等。

（2）吊装件：便于现场支模、支撑、吊装的预埋件，如预埋套管、吊钉、提升管件等。

（3）填充物：起到保暖、减重，或填充预留缺口的预埋件，如 XPS 板（挤塑聚苯乙烯泡沫板）、EPS 板（可发性聚苯乙烯泡沫板）等。

（4）水电暖通等功能件：通水、通电、通气或连接外部互动部件的预埋件，如线管、线盒、电箱、套管、地漏等，如图 1-12 所示。

图 1-12 水电管网预埋件

（5）其他常见功能件：利于防水、防雷、定位、安装等的预埋件，如防水胶条、锚固钢板、塑料波纹管、止水钢板等。

预埋件的安装和预留孔洞允许偏差应符合表 1-3 要求。

表 1-3 预埋件的安装和预留孔洞允许偏差

项目		允许偏差/mm
预埋板中心线位置		3
预埋管、预留孔中心线位置		3
插筋	中心线位置	5
	外露长度	+10，0
预留螺栓	中心线位置	2
	外露长度	+10，0
预留洞	中心线位置	10
	尺寸	+10，0

注：检验中心线位置时，沿纵横两个方向测量，并取其中偏差的较大值。

1.1.5 预制墙板混凝土浇筑

1. 混凝土浇筑前准备工作

混凝土浇筑前，应逐项对模具、钢筋、连接套管、连接件、预埋件、吊具、预留孔洞、混凝土保护层厚度等进行检查验收，并做好隐蔽工程记录。

带保温材料的预制构件宜采用水平浇筑方式成型，保温材料宜在混凝土成型过程中放置固定，应采取措施固定保温材料，确保拉结件的位置和间距满足设计要求，这对于满足墙板设计要求的保温性能和结构性能非常重要，应按要求进行过程质量控制。当底层混凝土强度达到 1.2MPa 以上方可进行保温材料敷设，保温材料应与底层混凝土固定。当保温材料多层敷设时上下层接缝应错开。

当采用垂直浇筑成型工艺时，保温材料可在混凝土浇筑前放置固定。连接件穿过保温材料处应填补密实。

2. 混凝土浇筑要求

混凝土浇筑时应符合下列要求。

（1）混凝土应均匀连续浇筑，投料高度不宜大于 500mm。

（2）混凝土浇筑时应保证模具、门窗框、预埋件、连接件不发生变形或移位，如有偏差应采取措施及时纠正。

（3）混凝土从出机到浇筑完毕的延续时间，当气温高于 25℃时不宜超过 60min，当气温低于 25℃时不宜超过 90min。

（4）混凝土应采用机械振捣密实，对边角及灌浆套筒处充分有效振捣；振捣时应随时观察固定磁盒是否松动位移，并及时采取应急措施；浇筑厚度使用专门的工具测量，严格控制，对于外叶墙板振捣后应当对边角进行一次抹平，保证外叶墙板与保温板间无缝隙。

（5）定期定时对混凝土进行各项工作性能试验（坍落度、和易性等），如图 1-13 所示；按单位工程项目留置试块。

图 1-13　混凝土坍落度实验

（6）浇筑混凝土的配合比应经过试配以确定最终配合比，生产时严格控制水胶比和坍落度。

浇筑和振捣混凝土时应按操作规程，防止漏振和过振，生产时应按照规定制作试块，并与构件同条件养护。混凝土振捣如图 1-14 所示，其中振捣机械宜采用振动平台或振动棒，辅助使用平板振动器。混凝土振捣完成后应用机械抹平压光，如图 1-15 所示。

（a）振动平台

（b）振动棒

图 1-14　混凝土振捣示意图

图 1-15　机械抹平压光

3．混凝土浇筑流程

具体混凝土浇筑流程如下。

（1）根据预制构件编号确定混凝土用量后，用对讲机向搅拌站报单。

（2）使用行车将混凝土料斗调运至指定位置，使用鱼雷罐控制器将鱼雷罐行进至放料位置。

（3）确认鱼雷罐的放料口与料斗的位置一致，打开鱼雷罐放料口进行放料。

（4）确认鱼雷罐内的混凝土放料完毕，并使用对讲机告知搅拌站操作员。

（5）搅拌站操作员控制鱼雷罐返回搅拌站接料位。

（6）使用行车缓慢提升混凝土料斗，确认安全后将料斗移动至待浇筑构件上方。

（7）根据构件的大小，控制料斗开口的大小，保证卸料的速度均匀，减少二次匀料的工作量。

（8）按照振动棒或振动平台的使用要求，对预制构件进行振捣，确保密实。

（9）浇筑、振捣过程中洒落的混凝土应及时进行收集利用，振捣完毕后将相关工具撤离模台。

1.1.6　预制墙板脱模与养护

1．脱模要求

包含预制墙板在内的预制构件脱模应符合下列要求。

（1）预制构件蒸汽养护后，蒸汽养护罩内外温差小于 20℃时方可进行脱模作业。

（2）预制构件脱模应严格按照顺序拆除模具，脱模顺序应按支模顺序相反进行，应先脱非承重模板后脱承重模板；先脱帮模，再脱侧模和端模，最后脱底模。不得使用振动方式脱模。

（3）预制构件脱模时应仔细检查，确认其与模具之间的连接部分是否完全拆除，完全拆除后方可起吊。

（4）后浇混凝土或砂浆、灌浆料连接的预制构件结合处，当设计有具体要求时，应按设计要求进行粗糙面处理；当设计无具体要求时，可采用化学处理、拉毛或凿毛等方法制作粗糙面。

2. 混凝土强度

预制构件脱模起吊时，应根据设计要求或具体生产条件确定所需的混凝土强度，具体应满足下列要求。

（1）当设计有要求时，预制构件脱模时的混凝土强度应满足设计要求；当设计无要求时，预制构件脱模时的混凝土强度不应小于 15MPa。

（2）外墙板等较薄预制构件起吊时，混凝土强度应不小于 20MPa。

（3）当预制构件混凝土强度达到设计强度的 30%且不低于 C15 时，可以拆除边模。预制构件翻身强度不得低于设计强度的 70%且不低于 C20，经过复核满足翻身和吊装要求时，允许将预制构件翻身和起吊；当预制构件强度大于 C15 但低于设计强度的 70%时，应和模具平台一起翻身，不得直接起吊，如图 1-16 所示。

图 1-16　预制构件翻身

3. 养护方式与特点

预制构件可采用覆膜保湿的自然养护、化学保护膜养护、远红外线养护、太阳能养护和蒸汽养护等多种养护方式。而目前普遍使用的是覆膜保湿的自然养护和蒸汽养护。

1）覆膜保湿的自然养护

预制构件成型后，当设计无要求时，预制构件脱模时的混凝土强度不应小于 15MPa，再自然养护至混凝土达到终凝，在预制构件上层洒一定量水，然后加盖保湿薄膜静停，自然养护到预制构件达到起吊强度。自然环境下进行养护时，须保持混凝土表面湿润，养护时间不少于 7d。自然养护成本低，简单易行，但养护时间长、模板周转率低，占用场地大。

2）蒸汽养护

蒸汽养护分为传统构件蒸汽养护和低温集中蒸汽养护两种。

（1）传统构件蒸汽养护。

传统构件蒸汽养护是将预制构件放置在有饱和蒸汽或蒸汽与空气混合物的养护室内，在较高的温度和湿度的环境下进行养护，以加速混凝土的硬化，使之在较短的时间内达到规定的强度标准值。蒸汽养护可缩短养护时间，模板周转率相应提高，占用场地大大减少。

蒸汽养护的过程可分为静停、升温、恒温、降温等四个阶段，必须特别说明的是，预制构件养护时，应制定养护制度对静停、升温、恒温和降温时间进行控制，具体包括：宜在常温下静停 2～6h，升温、降温速度不应超过 20℃/h，最高养护温度不宜超过 60℃，预制构件表面温度与环境温度的差值不宜超过 20℃。

（2）低温集中蒸汽养护。

预制构件工厂为了大批量生产，减少占地面积，同时更要保证预制构件的强度，目前主要采用低温集中蒸汽养护（图 1-17），其特点如下。

① 恒温蒸汽养护，温度不超过 60℃。

② 辐射式蒸汽养护，热介质通过散热器加热空气，之后传递给构件，并使之加热。

③ 多层仓位存储，每个窑可同时蒸汽养护多个构件，蒸汽养护构件数量取决于蒸汽养护窑的大小。

④ 构件连同模台由码垛机控制进仓和出仓。

⑤ 窑内设计有加湿系统，根据构件要求，可调整空气的湿度。

低温集中蒸汽养护的优点如下。

① 可大批量生产，进仓和出仓与生产线节拍同步。

② 节省能源，窑内始终保持为恒温，热能的利用率高。

③ 码垛机采用自动控制，进仓和出仓方便。

④ 热量损失小，只是开门时间产生热损。

图 1-17　低温集中蒸汽养护

1.1.7　预制墙板构件质量检验

预制墙板脱模后应进行构件外观质量和几何尺寸检验，两者均要求逐块检验。

1. 预制墙板构件外观质量检验

预制墙板构件外观质量要求其表面光洁平整，无蜂窝、坍落、露筋、空鼓等缺陷。预制构件外观质量要求和检验方法如表 1-4 所示。

表 1-4 预制构件外观质量要求和检验方法

项次	项目		质量要求	检验方法
1	露筋		不允许	目测
2	蜂窝		表面上不允许	目测
3	麻面		表面上不允许	目测
4	硬伤、掉角		不允许，碰伤后要及时修补	目测
5	裂缝	横向	允许有裂缝，但裂缝延伸至相邻侧面长度不应大于侧面高度的 1/5，且裂缝宽度不得大于 0.2mm	目测，若发现裂缝则用尺量其长度，用读数显微镜测量裂缝宽度
		纵向	总长不大于 $L/10$（L 为预制构件跨度）	

参照《混凝土结构工程施工质量验收规范》（GB 50204—2015）规定的现浇结构外观质量缺陷标准，外观质量缺陷可分为严重缺陷和一般缺陷。外观质量不宜有一般缺陷，不应有严重缺陷。对于已经出现的一般缺陷，应进行修补处理，并重新检查验收；对于已经出现的严重缺陷，修补方案应经设计、监理单位认可之后进行修补处理，并重新检查验收。

预制墙板在脱模时，可能会表面破损和裂缝，可按表 1-5 进行构件表面破损和裂缝的处理。

表 1-5 构件表面破损和裂缝处理方法

项目	现象	处理方案	检查方法
破损	1．影响结构性能且不能恢复的破损	废弃	目测
	2．影响钢筋、连接件、预埋件锚固的破损	废弃	目测
	3．上述 1 和 2 以外的，破损长度超过 20mm	修补①	目测、卡尺测量
	4．上述 1 和 2 以外的，破损长度 20mm 以下	现场修补	
裂缝	1．影响结构性能且不可恢复的破损	废弃	目测
	2．影响钢筋、连接件、预埋件锚固的破损	废弃	目测
	3．裂缝宽度大于 0.3mm 且裂缝长度超过 300mm	废弃	目测、卡尺测量
	4．上述 1、2、3 以外的，裂缝宽度超过 0.2mm	修补②	目测、卡尺测量
	5．上述 1、2、3 以外的，裂缝宽度不足 0.2mm 且在外表面时	修补③	目测、卡尺测量

注：①用不低于混凝土设计强度的专用修补浆料修补。
②用环氧树脂浆料修补。
③用专用防水浆料修补。

预制墙板脱模后，还应对预留孔洞、梁槽、门窗洞口、预留钢筋、预埋螺栓、钢筛套筒、预留槽等进行清理，保证通畅有效；钢筋锚固板、直螺纹钢筋套筒等应及时安装，安装时应注意使用专用扳手旋拧到位，直螺纹钢筋套筒要求安装好后外露螺纹不宜超过 2.0p

（螺距），锚固板安装完成后的钢筋端面应伸出锚固板端面，钢筋丝头外露长度不宜小于1.0p。

总体质量检验要求如下。

（1）预制墙板生产所用的混凝土、钢筋、钢筋套筒、灌浆料、保温材料、拉结件、预埋件等应进行进厂检验，检验其是否符合国家相应标准，经检测合格后方可使用。

（2）预制墙板的钢筋、预埋件、吊点、钢筋套筒、预留孔洞、钢筋的混凝土保护层厚度、夹心外墙板的保温层、预埋管线、线盒等相关参数应符合相关标准和设计的要求。

2. 预制墙板构件尺寸检验

应对预制墙板构件尺寸进行检验，如图1-18所示。

（a）墙板对角尺寸

（b）墙板高度

（c）墙板门窗洞口尺寸

（d）墙板表面平整度

图1-18 预制墙板检验

《装配式混凝土结构技术规程》规定，预制墙板构件允许尺寸偏差及检验方法应符合表1-6的规定。

表1-6 预制墙板构件允许尺寸偏差及检验方法

项次	项目		允许偏差/mm	检验方法
1	长度		±4	尺量检查
2	宽度、厚度		±3	钢尺量一端及中部，取其中偏差绝对值较大处
3	表面平整度	墙板内表面	5	2m靠尺和塞尺检查
		墙板外表面	3	

续表

项次	项目		允许偏差/mm	检验方法
4	侧向弯曲		L/1000 且≤20	拉线、钢尺量最大侧向弯曲处
5	翘曲		L/1000	调平尺在两端量测
6	对角线差		5	钢尺量两个对角线
7	预留孔	中心线位置	5	尺量检查
		孔尺寸	±5	
8	预留洞	中心线位置	10	尺量检查
		洞口尺寸、深度	±10	
9	门窗口	中心线位置	5	尺量检查
		宽度、高度	±3	
10	预埋件	预埋件锚板中心线位置	5	尺量检查
		预埋件锚板与混凝土面平面高差	0，−5	
		预埋螺栓中心线位置	2	
		预埋螺栓外露长度	+10，−5	
		预埋套管、螺母中心线位置	2	
		预埋件套管、螺母与混凝土面平面高差	0，−5	
		线管、线盒、木砖、吊环在构件平面的中心线位置偏差	20	
		线管、电盒、木砖、吊环与构件表面混凝土高差	0，−10	
11	预留插筋	中心线位置	3	尺量检查
		外露长度	+5，−5	
12	键槽	中心线位置	5	尺量检查
		长度、宽度、深度	±5	

注：1. L 为构件最长边的长度。
2. 检验中心线、螺栓和孔道位置偏差时，应沿纵、横两个方向测量，并取其中偏差较大值。

任务 1.2　预制墙板施工与验收

1.2.1 预制墙板安装准备

装配式混凝土结构的特点之一就是有大量的现场吊装工作，其施工精度要求高，吊装过程安全隐患较大。因此，包含预制墙板在内的预制构件正式安装前必须做好完善的准备

工作，如制定构件安装流程方案，预制构件、材料、预埋件、临时支撑等应按国家现行有关标准及设计验收合格，并按施工方案、工艺和操作规程的要求做好技术、人员、环境、机具及材料各项准备，方能确保优质高效安全地完成施工任务。

1. 技术准备

（1）预制墙板安装施工前，应编制专项施工方案，并按设计要求对各工况进行施工验算和施工技术交底。

（2）安装施工前对施工作业工人进行安全作业培训和安全技术交底。

（3）吊装前应合理规划吊装顺序，还应结合施工现场情况，满足先外后内，先低后高原则。确定吊装顺序后，绘制吊装作业流程图，以方便吊装机械行走，达到经济效益。

2. 人员安排

预制构件安装是装配式混凝土结构施工的重要施工工艺，将影响整个建筑质量安全。因此，施工现场的安装应由专业的产业化工人操作。

（1）装配式混凝土结构施工前，施工单位应对管理人员及安装人员进行专项培训和相关交底。

（2）施工现场必须选派具有丰富吊装经验的信号指挥人员、挂钩人员，作业人员施工前必须检查身体，对患有不宜高空作业疾病的人员不得安排高空作业。特种作业人员必须经过专门的安全培训，经考核合格，持《中华人民共和国特种作业操作证》上岗。特种作业人员应按规定进行体检。高空作业人员应正确使用安全防护用品，宜采用工具式操作架进行安装作业。

（3）起重吊装作业前，应根据施工组织设计要求划定危险作业区域，在主要施工部位、作业点、危险区、都必须设置醒目的警示标识，设专人加强安全警戒，防止无关人员进入。还应视现场作业环境专门设置监护人员，防止高空作业或交叉作业造成落物伤人事故。

3. 环境准备

（1）检查构件钢筋套筒或浆锚孔是否堵塞。当有杂物时，应当及时清理干净。用手电筒补光检查，发现异物用气体或钢筋将异物取出。

（2）将连接部位浮灰清扫干净。

（3）对于柱、墙板等竖直构件，安装调整标高的支垫（在预埋螺母中旋入螺栓或在设计位置安放金属垫块）及斜支撑部件，检查斜支撑地销。

（4）对于叠合楼板、叠合梁、阳台板、挑檐板等水平预制构件，架立好竖向支撑。

（5）伸出钢筋采用机械套筒连接时，须在吊装前在伸出钢筋端部套上钢筋套筒。

（6）外挂墙板安装节点连接部件的准备。如果需要水平牵引，则需要进行牵引葫芦吊点设置、工具准备等。

（7）检验预制构件质量和性能是否符合现行国家规范要求。未经检验或不合格的产品不得使用。

（8）所有预制构件吊装前应做好截面控制线，方便吊装过程中调整和检验，有利于质量控制。

（9）安装前，复核测量放线及安装定位标识。

4．机具及材料准备

（1）阅读起重机械吊装参数及相关说明（吊装名称、数量、单件质量、安装高度等参数），并检查起重机械性能，以免吊装过程中出现无法吊装或机械损坏停止吊装等情况，杜绝重大安全隐患。

（2）安装施工前，应检查复核吊装设备及吊具处于安全操作状态。

（3）应根据预制构件形状、尺寸及质量要求选择合适的吊具，在吊装过程中，吊索水平夹角不宜小于 60°，且不应小于 45°；对尺寸较大或形状复杂的预制构件，宜采用有分配梁或分配桁架的吊具，并应保证吊车主钩位置、吊具及构件重心在竖直方向重合。

（4）准备牵引绳等辅助工具、材料，并确保其完好性，特别是绳索是否有破损，吊钩卡环是否有问题等。

（5）准备好灌浆料、灌浆设备、工具，调试灌浆泵。

1.2.2 预制墙件安装与连接

1．安装施工流程

预制墙板安装施工流程如图 1-19、图 1-20 所示。

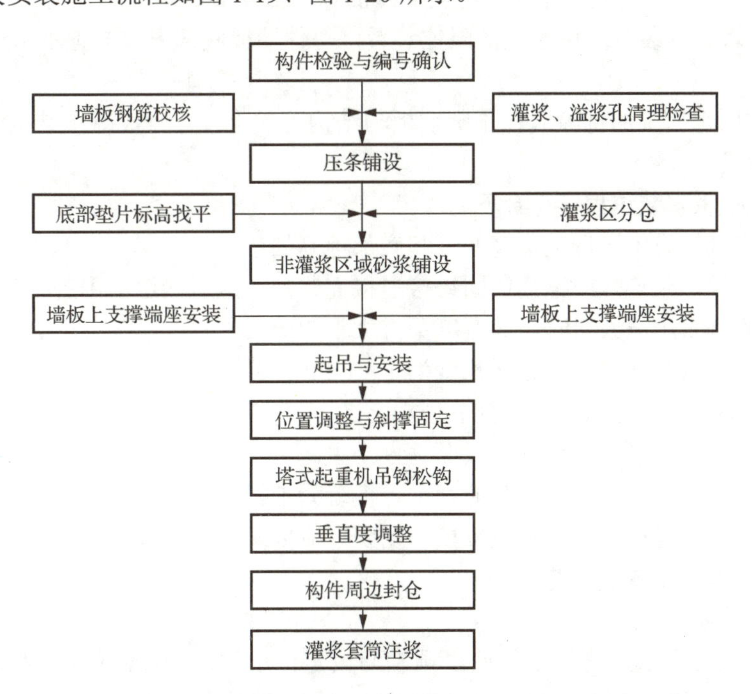

图 1-19　预制夹心保温外墙板安装施工流程

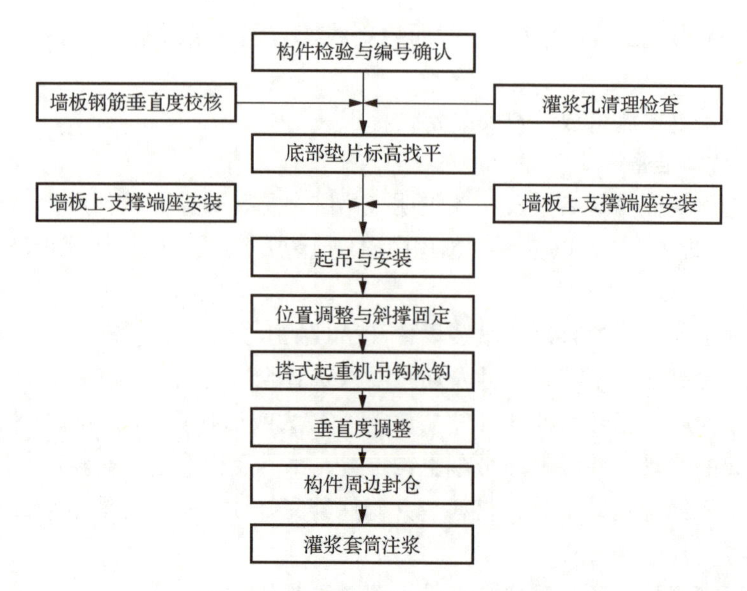

图 1-20　预制内墙板安装施工流程

2. 预制墙板安装

预制墙板安装应符合下列要求。

（1）预制墙件安装应设置临时支撑，每件墙板安装过程的临时支撑不宜少于 2 道，临时支撑宜设置调节装置，支撑点位置距离板底的距离不宜小于板高的 2/3，且不应小于板高的 1/2，斜支撑应与墙板可靠连接，斜支撑的预埋件安装、定位应准确。

（2）预制墙板安装时应设置底部限位装置，每件墙板底部限位装置不少于 2 个，间距不宜大于 4m。

（3）临时固定措施的拆除应在预制墙板与结构可靠连接，且混凝土结构强度能达到后续施工要求后进行。

（4）预制墙板安装过程应符合下列规定。

① 构件底部应设置可调整接缝间隙和底部标高的垫块。

② 钢筋套筒灌浆连接或钢筋锚固搭接连接灌浆前，应对接缝周围进行封堵。

③ 墙板底部采用座浆料时，其厚度不宜大于 20mm。

④ 墙板底部应分区灌浆，分区长度为 1～1.5m。

（5）预制墙板校核与调整应符合下列规定。

① 墙板安装垂直度应满足外墙板面垂直为主。

② 墙板拼缝校核与调整应以竖缝为主，横缝为辅。

③ 墙板阳角位置相邻的平整度校核与调整，应以阳角垂直度为基准。

3. 预制墙板主要安装工艺

（1）定位放线。

在楼板上根据图纸及定位轴线放出预制墙板定位边线及 200mm 控制线，同时在墙体吊装前，在墙板上放出墙体 500mm 水平控制线，便于墙板安装过程中精确定位，如图 1-21 所示。

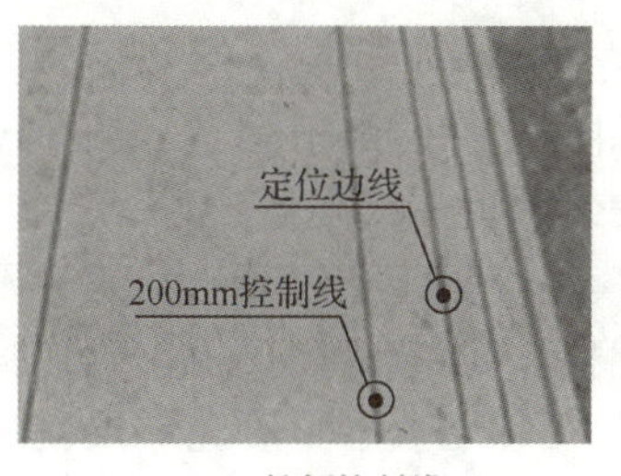

（a）楼板控制线

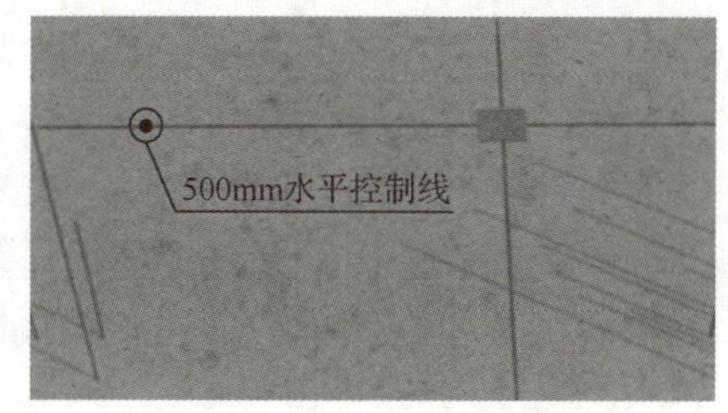

（b）墙体控制线

图 1-21　楼板及墙体控制线示意

（2）调整偏位钢筋。

预制墙板吊装前，为了便于墙板快速安装，使用定位框检查竖向连接钢筋是否偏位，针对偏位钢筋用钢筋套管进行校正，以便于后续墙板精确安装，如图 1-22 所示。

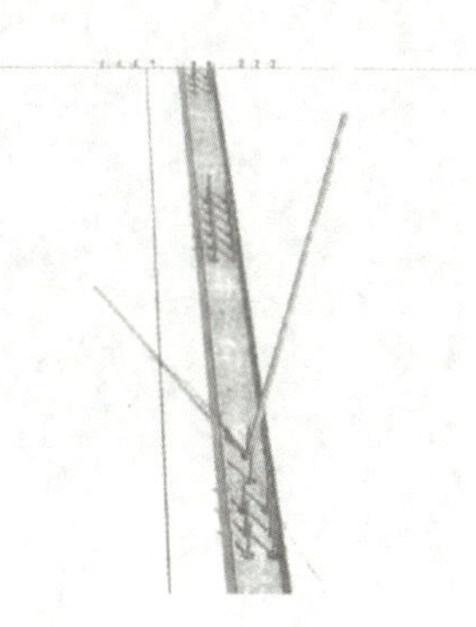

图 1-22　钢筋偏位校正

（3）预制墙板吊装就位。

预制墙板吊装时，为了保证构件整体受力均匀，采用由 H 型钢焊接而成的专用吊梁（即模数化通用吊梁）。根据各墙板不同尺寸、不同的起吊点位置，设置模数化吊点，确保墙板在吊装时吊装钢丝绳保持竖直。专用吊梁下方设置专用吊钩，用于悬挂吊索，进行不同类型墙板的吊装，如图 1-23 所示。

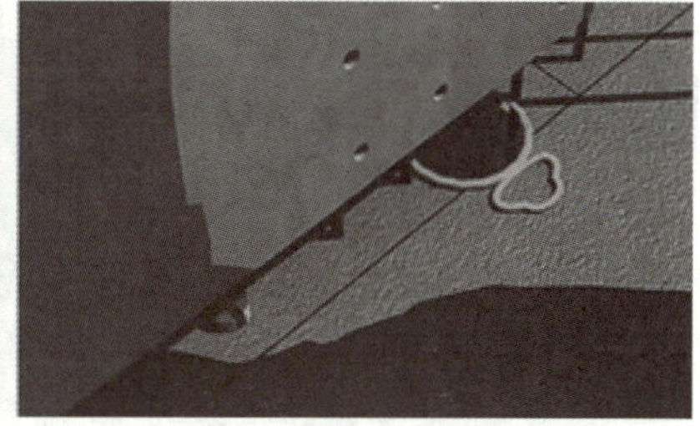

图 1-23　预制墙板专用吊梁和吊钩

预制墙板吊装过程中，距楼板面 1000mm 处减缓下落速度，由操作人员引导墙板降落，操作人员观察连接钢筋是否对齐预留孔，可采用反光镜辅助观察，直至钢筋与灌浆套筒全部连接（安装时，按顺时针依次安装，先吊装外墙板后吊装内墙板）。

钢筋套筒灌浆连接技术

（4）安装斜向支撑及底部限位装置。

预制墙板吊装就位后，先安装斜向支撑，用于固定、调节墙板，确保安装的垂直度，如图 1-24 所示；再安装墙板底部限位装置（七字码），用于加固墙板与主体结构的连接，确保后续灌浆与暗柱混凝土浇筑时不产生位移。墙板通过靠尺校核其垂直度，如有偏位，调节斜向支撑，确保构件的水平位置及垂直度均达到允许误差±5mm，相邻墙板平整度允许误差±5mm，此施工过程中要同时检查外墙面上下层的平齐情况，允许误差以不超过±3mm 为准。如果超过允许误差，要以外墙面上下层错开 3mm 为准，重新进行墙板的水平位置及垂直度调整，最后固定斜向支撑及底部限位装置。

图 1-24　斜向支撑安装及垂直度校正

预制墙板安装工艺

4．预制墙板灌浆连接

灌浆前应对灌浆区域进行分仓，采用快硬高强砂浆对接缝四周进行封堵，确保密实可靠。待封堵砂浆达到设计要求强度后，采用压浆法从灌浆分区下口灌注，当浆料从其他孔流出后及时进行封堵。完成整段墙体的灌浆后，进行外流浆料清理。灌浆应符合现行行业标准《钢筋套筒灌浆连接应用技术规程（2023 年版）》（JGJ 355—2015）的规定。

知识链接

预制构件连接技术

现行行业标准《装配式混凝土结构技术规程》中规定的预制构件受力钢筋的连接技术，主要有钢筋套筒灌浆连接技术和浆锚搭接连接技术。

1．钢筋套筒灌浆连接技术

钢筋套筒灌浆连接是指在预制混凝土构件内预埋的金属套管中插入钢筋并灌注水泥基灌浆料而实现的钢筋连接方式，如图 1-25 所示。

该技术将灌浆套筒预埋在混凝土构件内，在安装现场从预制构件外通过注浆管将灌浆料注入套筒，来完成预制构件钢筋的连接，是预制构件中受力钢筋连接的主要形式，主要用于各种装配混凝土结构的受力钢筋连接。

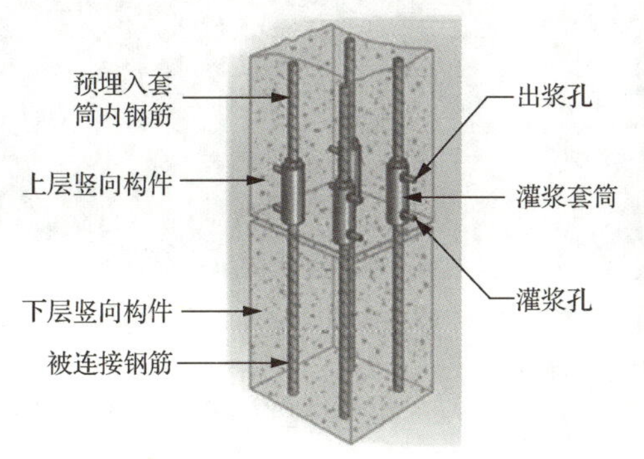

图 1-25 钢筋套筒灌浆连接技术

钢筋套筒灌浆连接接头由钢筋、灌浆套筒、灌浆料 3 种材料组成，其中灌浆套筒分为半灌浆套筒和全灌浆套筒，半灌浆套筒连接的接头一端为灌浆连接，另一端为机械连接。

钢筋套筒灌浆连接施工流程主要包括预制构件在工厂完成套筒与钢筋的连接、套筒在模板上的安装固定、进出浆管道与套筒的连接、在建筑施工现场完成构件安装、灌浆腔密封、灌浆料加水拌合及套筒灌浆。

竖向预制构件的受力钢筋连接可采用半灌浆套筒或全灌浆套筒。构件宜采用联通腔灌浆方式，并应合理划分连通腔区域。构件也可采用单个套筒独立灌浆。构件就位前水平缝处应设置座浆层。钢筋套筒灌浆连接应采用由经接头型式检验确认的与套筒相匹配的灌浆料，使用与材料工艺配套的灌浆设备，以压力灌浆方式将灌浆料从套筒下方的进浆孔灌入，从套筒上方出浆孔流出，及时封堵进出浆孔，确保套筒内有效连接部位的灌浆料填充密实。

水平预制构件纵向受力钢筋在后浇带处连接可采用全灌浆套筒连接。套筒安装到位后，套筒注浆孔和出浆孔应位于套筒上方，使用单套筒灌浆专用工具或设备进行压力灌浆，灌浆料从套筒一端进浆孔注入，从另一端出浆口流出后，进浆、出浆孔接头内灌浆料浆面均应高于套筒外表面最高点。

2. 钢筋浆锚搭接连接技术

钢筋浆锚搭接连接是指在预制混凝土构件中预留孔道，在孔道中插入需搭接的钢筋，并灌注水泥基灌浆料而实现的钢筋搭接连接的连接方式。目前国内普遍采用的连接构造包括约束浆锚连接和金属波纹管浆锚连接，如图 1-26 所示。

约束浆锚连接的做法是：首先，在接头范围预埋螺旋箍筋，并与构件钢筋同时预埋在模板内；其次，通过抽芯制成带肋孔道，并通过预埋 PVC 软管制成灌浆孔与排气孔用于后续灌浆作业；再次，待不连续钢筋伸入孔道后，从灌浆孔压力灌注无收缩、高强度水泥基灌浆料；最后，不连续钢筋通过灌浆料、混凝土，与预埋钢筋形成搭接连接接头。

金属波纹管浆锚连接的做法是：首先，采用预埋金属波纹管成孔，在预制构件模板内，波纹管与构件预埋钢筋紧贴，并通过扎丝绑扎固定；其次，波纹管在高处向模板外弯折至构件表面，作为后续灌浆料灌注口；再次，待不连续钢筋伸入波纹管后，从灌注口向管内灌注无收缩、高强度水泥基灌浆料；最后，不连续钢筋通过灌浆料、金属波纹管及混凝土，与预埋钢筋形成搭接连接接头。

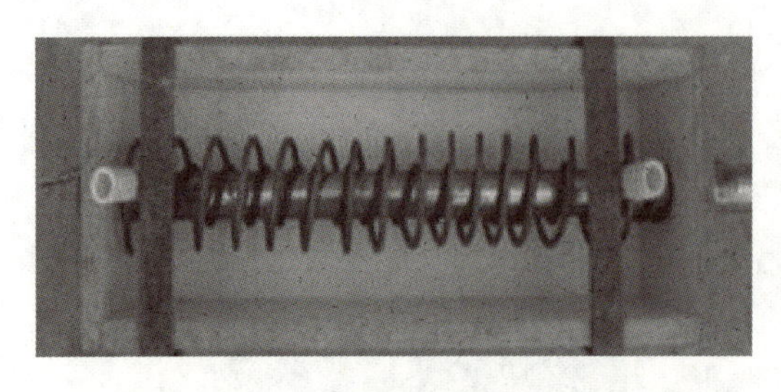

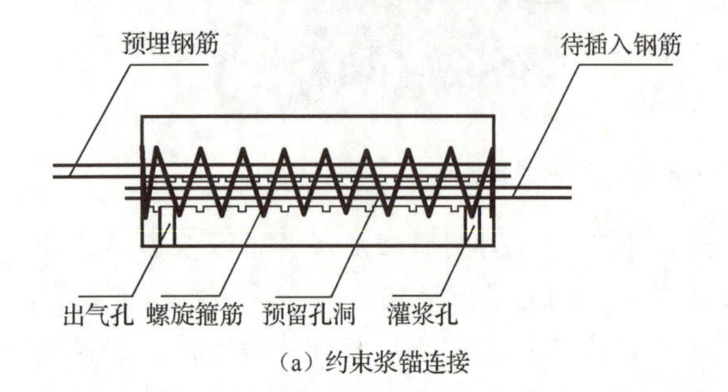

（a）约束浆锚连接

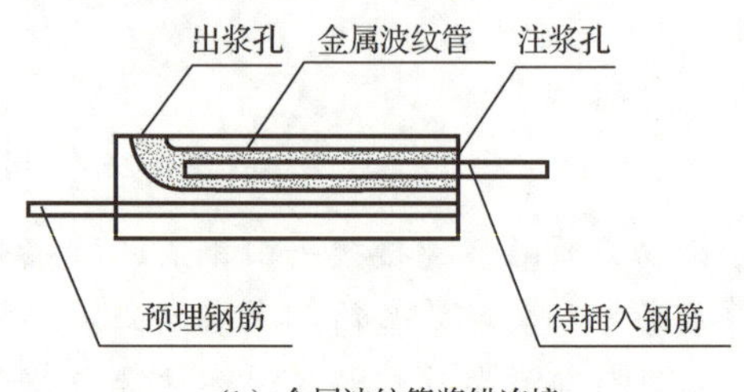

（b）金属波纹管浆锚连接

图 1-26　钢筋浆锚搭接连接技术

1.2.3 安全施工与环境保护

包含预制墙板在内的预制构件安装过程中应采取以下安全施工与环境保护措施。

（1）装配式混凝土建筑施工应执行国家、地方、行业和企业的安全生产法规和规章制度，落实各级各类人员的安全生产责任制。

（2）施工单位应根据工程施工特点对重大危险源进行分析并予以公示，并制定相应的安全生产应急预案。

（3）施工单位应对从事预制构件吊装作业及相关人员进行安全培训与交底，识别预制构件进场、卸车、存放、吊装、就位各环节的作业风险，并制定防控措施。

（4）安装作业开始前，应对安装作业区进行围护并做出明显的标识，拉警戒线。根据危险源级别安排旁站，严禁与安装作业无关的人员进入作业区。

（5）施工作业使用的专用吊具、吊索、定型工具式支撑、支架等，应进行安全验算，使用中进行定期、不定期检查，确保其安全状态。

（6）吊装安全作业应符合下列规定。

① 预制构件起吊后，应先将预制构件提升 300mm 左右后，停稳构件，检查钢丝绳、吊具和预制构件状态，确认吊具安全且构件平稳后，方可缓慢提升构件。

② 吊装区域内，非作业人员严禁进入；吊运预制构件时，构件下方严禁站人，应待预制构件降落至距地面 1m 以内方准作业人员靠近，就位固定后方可脱钩。

③ 高空应通过缆风绳改变预制构件方向，严禁高空直接用手扶预制构件。

④ 遇到雨、雪、雾天气，或者风力大于 5 级时，不得进行吊装作业。

（7）预制夹心保温外墙板后浇混凝土连接节点区域的钢筋连接施工时，不得采用焊接连接。

（8）预制构件安装施工期间，噪声控制应符合现行国家标准《建筑施工场界环境噪声排放标准》（GB 12523—2011）的规定。

（9）施工现场应加强对废水、污水的管理，现场应设置污水池和排水沟。废水、废弃涂料、胶料应统一处理，严禁未经处理直接排入下水管道。

（10）夜间施工时，应防止光污染对周边居民的影响。

（11）预制构件运输过程中，应保持车辆整洁，防止对场内道路的污染，并减少扬尘。

（12）预制构件安装过程中废弃物等应进行分类回收。施工中产生的胶黏剂、稀释剂等易燃易爆废弃物应及时收集送至指定储存器内并按规定回收，严禁丢弃未经处理的废弃物。

1.2.4 预制墙板安装质量验收

预制墙板安装应按现行国家标准《建筑工程施工质量验收统一标准》（GB 50300—2013）的有关规定进行质量验收。

1. 主控项目

（1）预制墙板临时固定措施应符合设计、专项施工方案要求及国家现行有关标准的规定。

检查数量：全数检查。

检验方法：观察检查，检查施工方案、施工记录或设计文件。

（2）装配式结构分项工程的外观质量不应有严重缺陷，且不得有影响结构性能和使用功能的尺寸偏差。

检查数量：全数检查。

检验方法：观察、量测；检查处理记录。

（3）外墙板接缝的防水性能应符合设计要求。

检验数量：按批检验。每1000m^2外墙（含窗）面积应划分为一个检验批，不足1000m^2时也应划分为一个检验批；每个检验批应至少抽查一处，抽查部位应为相邻两层块墙板形成的水平和竖向十字接缝区域，面积不得少于10m^2。

检验方法：检查现场淋水试验报告。

2. 一般项目

（1）预制墙板安装尺寸偏差。

《装配式混凝土结构技术规程》规定，预制墙板安装尺寸偏差及检验方法应符合表1-7的规定。

检查数量：按楼层、结构缝或施工段划分检验批次。同一检验批次内，墙板应按有代表性的自然间抽查10%，且不少3间；对大空间结构，墙板可按相邻轴线间高度5m左右划分检查面，抽查10%，且均不少于3面。

表 1-7　预制墙板安装尺寸偏差及检验方法

项次	项目		允许偏差/mm	检验方法
1	构件中心线对轴线位置		10	尺量检查
2	构件标高（墙板底面或顶面）		±5	水准仪或尺量检查
3	构件垂直度	＜5m	5	经纬仪或全站仪量测
		≥5m 且＜10m	10	
		≥10m	20	
4	相邻构件平整度（墙侧面）	外露	5	钢尺、塞尺量测
		不外露	10	
5	支座、支垫中心位置		10	尺量检查
6	墙板接缝	中心线位置	±5	尺量检查
		宽度		

（2）墙面饰面外观质量应符合设计要求，并应符合现行国家标准《建筑装饰装修工程质量验收标准》(GB 50210—2018）的有关规定。

检查数量：全数检查。

检验方法：观察、对比量测。

应用案例

顾村原选址基地市属征收安置房 F-4 地块项目

顾村原选址基地市属征收安置房 F-4 地块项目规划总用地面积 74278m^2，总建筑面积 221889m^2，其中地上建筑面积 177339m^2，地下建筑面积 44550m^2。项目主体为 17 幢高层住宅，配套地下车库及相应设施（图 1-27）。

图 1-27　顾村 F-4 地块项目

该项目 17 幢高层住宅楼装配式建筑比例为 100%，全部采用装配式剪力墙结构，单体预制率为 40%。预制构件设置于标准层，主要预制构件有：预制剪力墙、预制非承重墙、预制空调板、预制阳台板、预制楼梯、叠合楼板等。

1. 设计篇——策划在先，制定标准化构件库

目前国内装配式结构造价普遍高于现浇结构，很大一部分原因是构件通用性差，构件模具周转率低，造成了预制构件每立方米单价远高于现浇施工单价。顾村 F-4 地块项目部在前期预制构件深化设计阶段，制定了预制构件标准化构件库，并确定了以下原则。

（1）保障房设计层高为 2800mm，所有预制剪力墙高度统一为 2780mm。

（2）预制剪力墙宽度为 1200～3000mm，每隔 300mm 设置一个预制剪力墙规格，小于 1200mm 采取现浇方式处理。

（3）其他预制构件也均采用此类标准化设计原理。

其中预制墙板设计如表 1-8 所示。

表 1-8　预制墙板设计

构件	类型	尺寸/mm	数量	质量/t	3D 图纸
A 类预制剪力墙	1	1200×2780	32	1.67	
	2	1500×2780	32	2.08	
	3	1800×2780	128	2.5	
	4	2100×2780	48	2.92	
	5	2400×2780	96	3.33	
	6	2700×2780	32	3.75	
	7	3000×2780	64	4.17	
B 类预制填充墙	1	1200×2780	64	1.67	
	2	1500×2780（有窗）	64	1.38	
	3	2100×2780（有窗）	32	1.75	
	4	2400×2780（有窗）	64	2.4	
	5	2700×2780（有窗）	32	2.34	
	6	3300×2780（有窗）	32	3.88	
	7	1600×2780（有窗）	32	1.05	
	8	2200×2780（有窗）	32	1.7	
	9	2800×2780（有窗）	32	2.31	

2. 施工篇——技术创新，工法楼样板引路

（1）工法楼样板引路。

本工程所有预制构件类型、构件连接节点、构件防水构造均在工法楼中进行实体样板展示，主要有两大作用：一是样板引路，方案论证；二是样板展示，直观可视化交底，如图 1-28 所示。

（a）工法楼

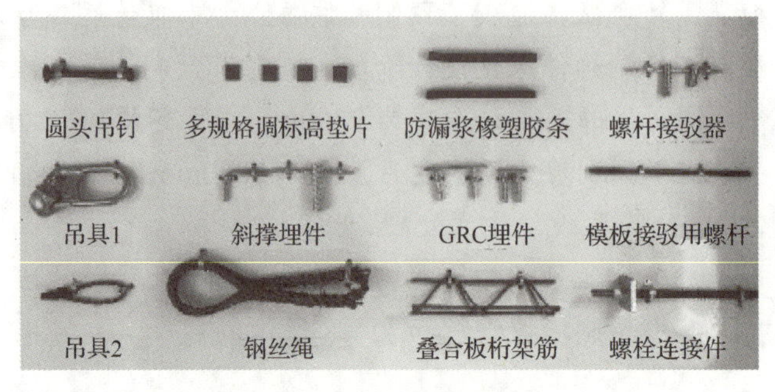

（b）预埋件展示

图 1-28　工法楼和预埋件展示

（2）工具式外挂架的应用。

本工程外脚手架采用工具式外挂架（图 1-29）。该脚手架体系采用对拉螺栓将工具式外挂架固定在预制剪力墙上，作为施工期间的工人操作平台，配备两套外挂架，随着楼层作业面同步提升，向上翻转使用。

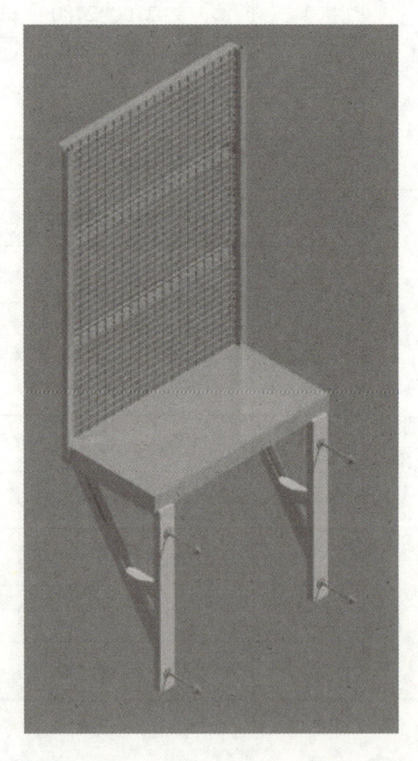

图 1-29　工具式外挂架

（3）铝合金模板的应用。

两栋传达室采用铝合金模板作为预制构件湿式接缝的模板。铝合金模板相对于传统木模而言，其刚度大，周转率高，混凝土浇筑外观质量好。铝合金模板在本工程中的试点取得了较好的实施效果，结构外立面平整度控制在3mm以内，达到了免粉刷的质量标准，如图1-30所示。

图1-30 铝合金模板

（4）独立支撑的应用。

本工程叠合楼板区域支撑采用独立支撑体系（图1-31），其相对于传统钢管排架的优势：一是独立支撑立杆为ϕ60mm，其承载力远大于钢管，立杆间距可放大至1.5m；二是独立支撑是依靠三脚架为维持整体稳定性，无须搭设水平牵杆，在混凝土浇筑后方可拆除，有利于压浆施工的提前穿插。

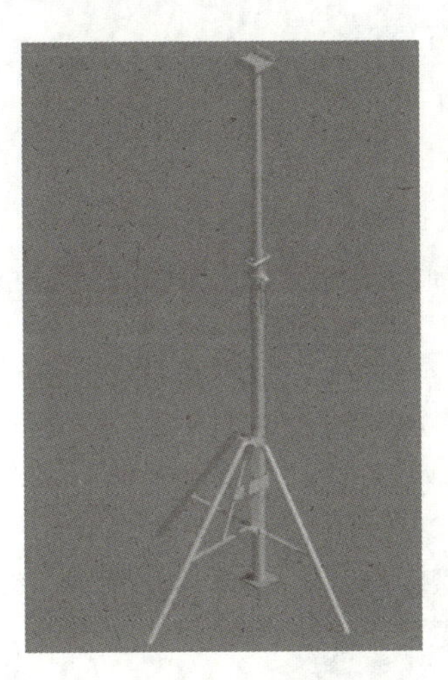

图1-31 独立支撑

3. 信息化篇——同步云平台管理

工程实施同步云平台管理，实现BIM数据等的上传，各施工合作方均可在信息平台和移动设备端随时查看模型和绑定的图纸、视频等。

（1）二维码信息技术交底。

工程施工现场大门口设置了二维码可视化交底专栏，所有重大危险源，关键施工技术、安全质量交底均可在二维码中得以体现，每一位进入施工现场的人员皆可通过扫码了解施工过程的主要信息。

（2）信息化模型与二维码验收。

工程还可采用二维码对预制构件进行扫码验收，BIM 数据同步进度，以进度颜色条实时反映工程进展，协助施工现场进行信息化跟踪管理。

（3）手机 App 辅助现场管理。

除二维码外，工程信息化创新管理还体现在利用手机 App 进行信息化模型上的进度更新，发布现场质量、安全方面的专题内容，并联动至相关部门，协同无纸化项目管理。

（4）远程视频监控辅助现场施工管理。

工程在塔吊上安装了视频监控摄像机，可 360° 旋转摄像，施工现场无死角全覆盖，同时摄像机可与手机 App 绑定联动。管理人员可利用摄像机程序在视频监控室或通过手机 App 进行施工现场的远程监控，如图 1-32 所示。

图 1-32　远程视频监控辅助现场施工管理

4. BIM 应用篇——BIM 技术全面助力工程推进

（1）BIM 技术辅助预制构件节点深化。

如预制外墙板深化设计时，需提前规划预留货梯进入通道，考虑在预制阳台板位置预留洞口，通过 BIM 技术建模，生成预制构件三维图纸，辅助构件加工，如图 1-33 所示。

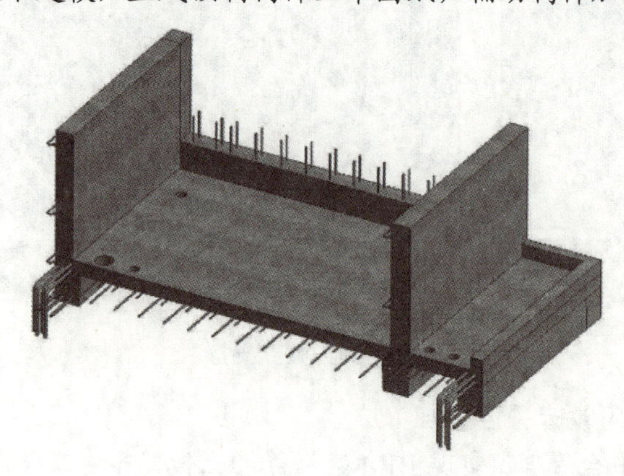

图 1-33　预制构件三维图纸

（2）BIM 技术模拟现场施工。

BIM 技术模拟现场施工的过程，如图 1-34～图 1-37 所示。

图 1-34　预制墙板及外挂架吊装

图 1-35　现浇剪力墙钢筋绑扎封模

图 1-36　独立支撑及楼盖模板搭设

图 1-37　叠合板、预制阳台板、预制空调板吊装

（3）BIM 技术对关键工序的施工交底。

装配式结构目前最受外界质疑的就是竖向构件的连接。因此，顾村 F-4 项目部针对本工程两种连接方式：螺栓连接和钢筋套筒灌浆连接进行了 BIM 动画交底。

（4）BIM 技术的 VR 沉浸式体验。

为了更好地体现项目成果，该工程引进了 VR 技术。体验者佩戴 VR 眼镜，深入建筑信息模型中，可切实感受建筑户型及装修效果、实时查看相关信息，还可深入查看关键节点构造，做到结构可见，效果可查，如图 1-38 所示。

图 1-38　VR 沉浸式体验

项 目 小 节

通过本项目学习，需掌握以下内容。

（1）预制墙板的生产工艺：固定模台法、流动模台法、成组立模法。

（2）预制墙板生产通用工艺流程及具体操作工序。

（3）预制墙板质量检验。

（4）预制墙板安装准备。

（5）预制墙板安装施工流程。
（6）预制墙板安装质量验收。

习　　题

根据本项目所学内容和涉及相关规范，完成以下习题。

一、单选题

1. 在已经制作好的模具内进行加工预制墙板，下列选项中不属于其生产工序的是（　　）。

A．清理模板　　B．安装预制构件　　C．模内布筋　　D．养护

2. 预制夹心保温外墙板采用流动模台法生产时，构件需要（　　）次浇筑成型。

A．1　　B．2　　C．3　　D．4

3. 两层钢筋混凝土板，中间夹着保温材料的装配式混凝土结构外墙构件指的是（　　）。

A．双面叠合剪力墙板　　B．单面叠合剪力墙板
C．预制外挂墙板　　D．预制夹心保温墙板

4. 关于预制夹心保温外墙板的生产工艺，下列说法正确的是（　　）。

A．生产时应先浇筑外叶墙板混凝土层，再安装保温材料和拉结件，最后浇筑内叶墙板混凝土层
B．生产时应先浇筑内叶墙板混凝土层，再安装保温材料和拉结件，最后浇筑外叶墙板混凝土层
C．生产时应先浇筑外叶墙板混凝土层，再浇筑内叶墙板混凝土层，最后安装保温材料和拉结件
D．生产时应先浇筑内叶墙板混凝土层，再浇筑外叶墙板混凝土层，最后安装保温材料和拉结件

5. 关于预制夹心外墙板生产的说法，（　　）是错误的。

A．连接内、外叶墙板的专用连接件的数量、位置应符合设计要求
B．宜采用水平浇筑方式成形
C．可采用正打法或反打法
D．外叶墙板一般较内叶墙板有更多的预留预埋

6. 预制墙板生产布置钢筋网片时，（　　）是正确操作。

A．构件区域内用 4 个垫块放置在钢筋网片下部
B．按照图纸要求绑扎加强筋
C．预埋件位置用钢筋钳剪切，多余钢筋留在构件内
D．钢筋网片一侧紧贴模具以控制位置

7．预制外墙板的钢筋网片保护层的垫块的间距应控制在（　　）mm 以内，且需要保证钢筋网片每处的保护层满足规范要求。

A．600　　B．400　　C．300　　D．200

8．预制夹心外墙板生产时，夹心保温层的安装时机是（　　）。

A．外叶墙板浇筑好，内叶墙板布置钢筋前

B．外叶墙板浇筑好，内叶墙板钢筋布置完成后

C．外叶墙板和内叶墙板均浇筑之后

D．外叶墙板和内叶墙板均未浇筑之前

9．FRP 连接件在进行安装时，应插入外叶墙板混凝土后，应马上转动（　　），进行局部的搅拌。

A．60°　　B．90°　　C．120°　　D．180°

10．当预制外墙板，采用不锈钢连接件进行安装连接时，附加的直钢筋，其长度不应小于（　　）mm，穿过扁平锚中间一排孔眼，并放置于钢筋网下方（承重层放置于下层钢筋网上方）。

A．100　　B．200　　C．300　　D．400

11．（　　）不是预制夹心外墙板的组成部分。

A．保温层　　B．内叶墙板　　C．密封胶　　D．外叶墙板

12．内墙板的主要功能要求是隔声、防火及结稳定性等。规范规定内墙板的隔声指数不小于（　　）。

A．45dB　　B．35dB　　C．40dB　　D．30dB

13．墙板制作按生产工艺分为固定模台法、流动模台法和（　　）3 种。

A．短线台座法　　B．成组平模法　　C．成组立模法　　D．长线台座法

14．吊装预制墙板构件应根据构件形式及质量选择合适的吊具，超过（　　）个吊点的应采用加钢梁吊装。

A．1　　B．4　　C．3　　D．2

15．预制墙板临时支撑安放在背后，通过预留孔（预埋件）与墙板连接，不宜少于（　　）。

A．3 道　　B．4 道　　C．2 道　　D．1 道

二、多选题

1．浇筑预制墙板混凝土时，应保证（　　）不发生变形或移位，如有偏差应采取措施及时纠正。

A．模具　　B．门窗框　　C．预埋件　　D．连接件

2．预制墙板的混凝土原材料应按（　　）分别存放。

A．品种　　B．等级　　C．种类　　D．数量

3．属于装配式混凝土建筑的水平构件有（　　）。

A．叠合楼板　　B．预制剪力墙　　C．预制楼梯　　D．叠合梁

4．属于预制夹心外墙板内外叶墙板之间的连接件的有（　　）。

A．FRP 连接件　　B．不锈钢连接件

C．玄武岩连接件　　　　　　　　D．金属波纹管连接件

5．预制墙板构件装车时应采用（　　）运送的方式。

A．竖放　　　　B．平放　　　　C．侧立靠放　　　　D．以上说法都对

6．预制墙板采用插放法放置时，其特点有（　　）。

A．堆放受型号限制　　　　　　　B．堆放不受型号限制

C．占用场地较多　　　　　　　　D．占用场地较少

7．下面不属于外墙板饰面的做法有（　　）。

A．干贴法　　　　B．反打法　　　　C．正打法　　　　D．湿贴法

8．预制外墙板一般分为 3 层，即三明治结构，包括（　　）。

A．保温层　　　　B．防潮层　　　　C．结构层　　　　D．保护层

9．下列关于预制墙板生产质量验收的说法正确的有（　　）。

A．预制墙板的钢筋骨架保护层允许偏差为±5mm

B．预制墙板出模后，应及时对其外观质量全数目测检查

C．预制墙板厚度尺寸的允许偏差为±3mm

D．预制墙板高度尺寸的允许偏差为±5mm

10．外墙板接缝处的密封材料，除应满足抗剪切和伸缩变形能力等力学性能要求外，尚应满足（　　）等建筑物理性能要求。

A．防霉　　　　B．防水　　　　C．防火　　　　D．耐候

三、简答题

1．预制墙板的生产工艺有哪些？

2．预制墙板的种类有哪些？

3．预制墙板蒸汽养护作业控制要点包括哪些？

4．预制墙板进场验收哪些项目？

5．预制墙板吊装固定中的斜支撑作用是什么？

6．简述预制墙板钢筋套筒灌浆时发生堵塞如何处理。

项目 2 预制柱工程

知识目标

1. 了解预制柱构造要求。
2. 掌握预制柱生产工艺流程及预制柱生产质量控制要点。
3. 熟悉预制柱安装流程。
4. 掌握预制柱安装与连接构造要求及施工质量控制要点。
5. 了解预制柱施工质量保障措施。

能力目标

1. 能完成预制柱生产质量验收。
2. 能根据规范完成预制柱的吊装施工和连接构造施工。

素养目标

培养学生分析、解决问题的综合能力和求真务实、精益求精的工匠精神。

引例

自贡市老年病医院二期工程住院楼项目（图 2-1）总建筑面积 62401.91m^2，为公共医疗建筑，项目采用装配式框架-现浇剪力墙结构体系，装配率达 77.7%，基于 BIM 装配式设计软件 PKPM-PC 完成设计（图 2-2）。

图 2-1　住院楼项目效果图

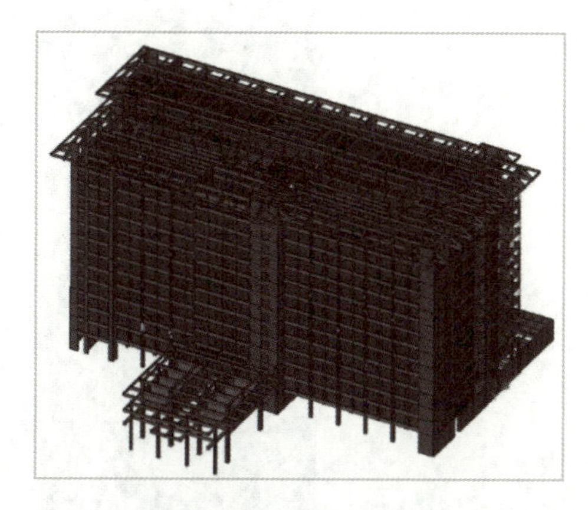

图 2-2　装配式设计模型

本项目基于 PKPM-PC 建立三维实体模型并进行装配式整体方案设计、结构整体分析及预制构件深化设计，有效地统筹了结构设计和深化设计，所有预制构件实现了标准化设计、自动化出图。预制构件类型包括预制楼梯、叠合楼板、预制（框架）柱、ALC 隔墙板。通过对主体结构及围护结构的合理拆分，既提高了装配率又降低了施工难度，符合设计预期。

请利用本项目所学知识，完成以下任务。

如果你是一名吊装施工技术人员，请问你会如何完成本工程预制柱的吊装施工呢？其吊装施工流程有哪些？施工过程中需要注意哪些事项？如何保证吊装施工质量？

任务 2.1　预制柱生产

装配式结构中，一般部位的框架柱采用预制柱（图 2-3），重要或关键部位的框架柱应采用现浇结构，例如穿层柱、跃层柱、斜柱、高层框架结构中地下室部位及首层柱等。本项目主要介绍预制柱。

1．预制柱及一般柱类构件构造要求

矩形预制柱截面边长或圆形预制柱截面直径不宜小于 400mm，且不宜小于同方向梁宽的 1.5 倍。

柱纵向受力钢筋直径不宜小于 20mm，纵向受力钢筋间距不宜大于 200mm 且不应大于 400mm。柱纵向受力钢筋可集中于四角配置且宜对称布置。柱中可设置纵向辅助钢筋（辅

助钢筋直径不宜小于 12mm 且不宜小于箍筋直径）。当正截面承载力计算不计入纵向辅助钢筋时，纵向辅助钢筋可不伸入框架节点。

柱纵向受力钢筋在柱底连接时，柱箍筋加密区长度不应小于纵向受力钢筋连接区域长度与 500mm 之和；当采用钢筋套筒灌浆连接或浆锚搭接连接等方式连接时，灌浆套筒或搭接段上端第一道箍筋距离灌浆套筒或搭接段顶部不应大于 50mm。

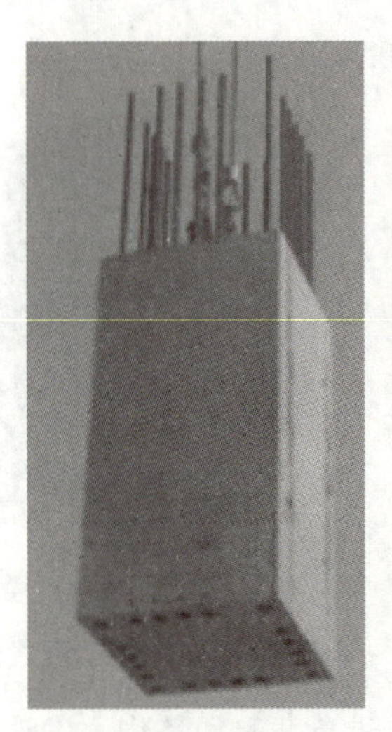

图 2-3　预制柱

2．预制柱生产工艺流程

预制柱生产工艺流程如图 2-4 所示。

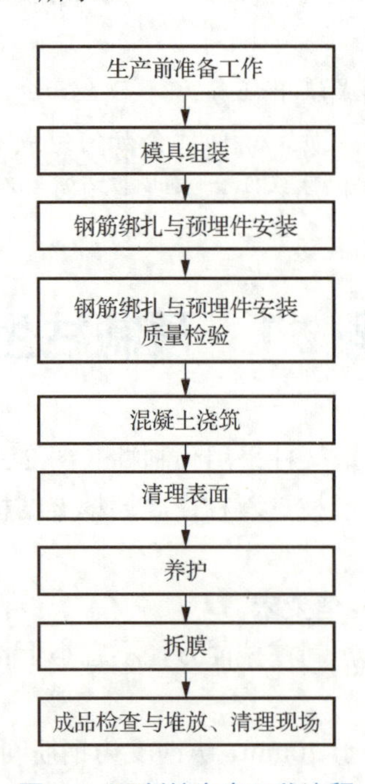

图 2-4　预制柱生产工艺流程

2.1.1 预制柱生产前准备工作

预制柱生产前的准备工作包括：佩戴好安全帽及防护手套，领取生产所需的工具，依据图纸进行模具选型、钢筋选型，模具、钢筋清理工作，领取预埋件及辅材，对施工现场进行卫生检查及清理工作。

2.1.2 预制柱模具组装

预制柱模具组装工作包括：模台划线定位（图 2-5），涂刷脱模剂，模具组装搭接（图 2-6），使用扳手将模具上螺栓拧紧进行初固定，模具测量校正，使用扳手依次固定螺栓和磁盒，最终固定模具并刷脱模剂和缓凝剂，最后对组装好的模具进行质量检验。

图 2-5 模台划线定位

图 2-6 模具组装搭接

2.1.3 预制柱钢筋绑扎与质量检验

1. 钢筋原材料检验

钢筋进场应按不同的规格、种类分别抽样复检和见证取样，钢筋经复检合格后方可进行加工，在未确认该批钢筋原料合格的情况下，不得提前进行加工。

2. 钢筋混凝土保护层

模具底部采用大理石垫块，侧壁采用水泥砂浆垫块，确保钢筋混凝土保护层厚度为 20mm。

3. 钢筋连接

预制柱的纵向受力钢筋采用机械连接接头，接头连接应符合设计要求和《钢筋机械连接技术规程》（JGJ 107—2016）。

4. 钢筋放样

绘制钢筋配料单前，应认真学习图纸，了解设计意图，掌握图纸内容，熟悉规程规范、抗震构造节点等技术文件。钢筋配料单应准确表达钢筋的部位、形状、尺寸、数量，钢筋

放样应与钢筋表中的钢筋编号相对应，做到清晰明确、图文一致，在构造允许范围内应合理配置原料，减少钢筋损耗，节约材料。

5. 钢筋绑扎

钢筋绑扎前必须将底模表面清扫干净（旧模板应刷脱模剂后再绑扎钢筋），将预埋件按照图纸要求放置并固定。钢筋按图纸所标位置先上后下进行绑扎，如图 2-7 所示。

图 2-7　钢筋绑扎

6. 钢筋绑扎质量检验

钢筋绑扎完毕后及时报验验收（图 2-8），确保钢筋绑扎正确无误，核对垫块、预埋件及预埋螺栓数量、位置、型号正确，方可合柱侧模。

图 2-8　钢筋绑扎质量检验

7. 钢筋加工、安装质量标准

钢筋加工允许偏差和钢筋安装允许偏差如表 2-1 和表 2-2 所示。

表 2-1　钢筋加工允许偏差

检查项目	允许偏差/mm
受力钢筋顺长度方向加工后的全长	±10
弯起钢筋各部分尺寸	±20
箍筋、螺旋筋各部分尺寸	±5

表 2-2 钢筋安装允许偏差

<table>
<tr><th colspan="3">检查项目</th><th>允许偏差/mm</th></tr>
<tr><td rowspan="4">受力钢筋间距</td><td colspan="2">两排以上排距</td><td>±5</td></tr>
<tr><td rowspan="2">同排</td><td>梁、板、拱肋</td><td>±10</td></tr>
<tr><td>基础、锚锭、墩台、柱</td><td>±20</td></tr>
<tr><td colspan="2">灌注柱</td><td>±20</td></tr>
<tr><td colspan="3">箍筋、横向水平钢筋、螺旋筋间距</td><td>0，-20</td></tr>
<tr><td rowspan="2">钢筋骨架尺寸</td><td colspan="2">长</td><td>±10</td></tr>
<tr><td colspan="2">宽、高或直径</td><td>±5</td></tr>
<tr><td colspan="3">弯起钢筋位置</td><td>±20</td></tr>
<tr><td rowspan="3">保护层厚度</td><td colspan="2">柱、梁、拱肋</td><td>±5</td></tr>
<tr><td colspan="2">基础、锚锭、墩台</td><td>±10</td></tr>
<tr><td colspan="2">板</td><td>±3</td></tr>
</table>

2.1.4 预制柱预埋件安装

1．预埋件安装流程

预埋件安装流程为：钢筋、钢板下料加工→焊接→安装预埋件并支模→对照施工图校对预埋件尺寸和位置→浇筑混凝土→养护与拆模→预埋件施工质量检验→修补处理。

2．制作并固定预埋件

预埋件施工前，应首先了解其形式、位置和数量，然后按标准要求制作并固定预埋件。应确保预埋件加工原材料合格，同时外观质量必须合格，表面无明显锈蚀现象。钢筋的调直下料以及钢板的划线切割，需根据图纸尺寸认真实施。对于构造预埋件及有特殊要求的预埋件，应当注意锚筋的弯钩长度、角度等规定。

3．检查钢筋、钢板

预埋件焊接前，必须检查钢筋、钢板的种类是否符合设计要求及强制性标准规定，对不符合要求者，须查明原因，妥善解决。

4．选定焊条和焊剂型号

对于焊条和焊剂型号的选定，需根据其使用和性能要求来进行，当采用手工焊时，应按强度低的主体金属选择焊条型号。

5．预埋件焊接及固定方法

预埋件的焊接采用交流电弧焊。预埋件位置固定是预埋件施工中的一个重要环节，预埋件所处的位置不同，其选用的有效固定方法也不同。

（1）预埋件位于混凝土上表面，根据预埋件尺寸和使用功能的不同选择不同的固定方式。

① 平板型预埋件尺寸较小，预埋件的安装固定（除防雷接地扁铁外）尽量依靠模具，采用螺栓固定或焊接在非受力钢筋上，但在浇筑混凝土过程中，需随时观察其位置情况，以便出现问题及时解决。

② 面积大的预埋件施工时，除用锚筋固定外，还要在其上部点焊适当规格角钢，以防止预埋件位移，必要时在锚板上钻孔排气。

③ 特大预埋件，须在锚板上钻振捣孔用来振实混凝土，但钻孔的位置及大小不能影响锚板的正常使用。

（2）预埋件位于混凝土侧面，根据预埋件面积和距混凝土表面距离选择不同的固定方式。

① 预埋件距混凝土表面浅且面积较小时，可以绑扎加固。

② 预埋件面积不大时，可用普通铁钉或木螺丝将预先打孔的预埋件固定在木模板上。

③ 预埋件面积较大时，可在预埋件内侧焊接。

6. 预埋件在混凝土施工中的保护

（1）混凝土在浇筑过程中，振动棒应避免与预埋件直接接触，在预埋件附近时需小心谨慎，边振捣边观察预埋件，及时校正预埋件位置，保证其不产生过大位移。

（2）混凝土成型后，需加强混凝土养护，防止混凝土产生干缩变形引起预埋件内空鼓。同时，拆模要先拆周围模板，放松螺栓等固定装置，轻击预埋件处模板，待松劲后拆除，以防拆除模板时因混凝土强度过低而破坏锚筋与混凝土之间的握裹力，从而确保预埋件施工质量。

2.1.5 预制柱混凝土浇筑与养护

（1）钢筋、预埋件、模具验收完，并将模具内清理干净后，方可进行混凝土浇筑。

（2）混凝土在加工厂现场搅拌，人工入模，严格控制混凝土坍落度，使其在 140~180mm 之间，每罐混凝土均要做坍落度检测。

（3）从柱根开始向柱头浇筑混凝土，直至混凝土与模具上边平齐，边布料边振捣，清理表面后用刮杠刮平、木抹子搓平、铁抹子压光，必须保证混凝土表面平整密实，不得有气孔、麻面。检查混凝土表面是否有钢筋漏出，模具是否发生位移。清除多余或掉落的混凝土，倒入垃圾桶内。

（4）混凝土压光后必须及时进行养护，混凝土初凝前再次复抹混凝土表面，并进行覆膜养护。

（5）叠加预制柱在下层预制柱混凝土强度达到 1.2MPa 后方能进行上层预制柱施工，施工前采用 2～3mm 石灰膏层进行隔离，便于柱之间翻身脱模。上层预制柱在下层预制柱混凝土强度达到 30%后方能进行混凝土的浇筑。

（6）预制柱采用坍落度为 50～70mm、内掺早强剂及减水剂的泵送混凝土，其目的是严格控制混凝土砂率，水胶比尽可能取较小值，以确保混凝土强度和预制柱质量，以便于结构吊装尽早开始。同时，砂、石含泥量严格按其指标下限进行控制，砂必须使用符合筛分曲线的中粗砂，粗骨料则使用连续级配碎石。预制柱混凝土浇筑应从一端向另一端连续浇筑，以保证预制柱浇筑质量。

（7）为了节约模板等周转材料、降低成本，预制柱施工按分段流水施工。

（8）在预制柱养护期间，应根据预制柱尺寸进行实测并做好吊装前的各项准备工作。

2.1.6 预制柱拆模

（1）预制柱拆模强度要求：拆除侧模时必须保证柱不变形、棱角完整及不产生裂缝现象，拆除底模时，预制柱的混凝土强度不低于设计强度的 100%，如图 2-9 所示。

图 2-9　拆模

（2）预制柱翻身、吊运、安装必须待混凝土强度达到 100%后方可进行。

（3）预制柱翻身、吊运时，必须用橡胶垫保护柱边角，不得损坏。

（4）拆除限位工装、模具。模具的拆除应根据模具结构的特点及拆模顺序进行，严禁使用振动模具方式拆模。

（5）预制柱脱模起吊时，脱模强度、起吊强度应满足设计要求，且应不小于 15MPa。

（6）脱模后应对预制柱进行整修，并应符合下列规定。

① 预制柱生产应设置专门的混凝土构件整修场地，在整修区域对刚脱模的预制柱进行清洗、质量检查和修补。

② 对于各种类型的混凝土外观缺陷，预制柱生产单位应制定相应的修补方案，并配有相应的修补材料和工具。

③ 预制柱应在修补合格后再驳运至合格品堆放场地。

（7）预制柱质量检查合格后，堆放整齐并粘贴合格标签。预制柱为细长构件，宜水平堆放，预埋吊装孔表面朝上，高度不宜超过 2 层，且不宜超过 2.0m。实心柱须在两端 0.2L～0.25L 间垫上枕木，底部支撑高度不小于 100mm。

2.1.7 预制柱生产质量验收

预制柱运入现场之后，需对预制柱进行质量检查和验收，检查项目包括：规格、尺寸，抗压强度是否满足设计要求，观察预制柱内的钢筋套筒是否被异物填入堵塞。检查结果应记录在案，签字后生效。

预制柱必须全数检查，检查工具包括 50m 钢尺、直尺、2m 靠尺、塞尺、细线。预制柱尺寸允许偏差及检验方法应符合表 2-3 的要求。

表 2-3 预制柱的尺寸允许偏差及检验方法

项目		允许偏差/mm	检验方法
长度	＜12m	±5	尺量检查
	≥12m 且＜18m	±10	
	≥18m	±20	
宽度、高度		±5	钢尺量一端及中部，取其中偏差绝对值较大处
侧向弯曲		L/750 且≤20	拉线、钢尺量大侧向弯曲处
预埋件位置		10	钢尺检查
表面平整度		5	2m 靠尺、塞尺检查
预留孔洞位置		15	尺量检查
主筋保护层		+10，−5	尺量检查
预留插筋	中心线位置	3	尺量检查
	外露长度	+5，−5	
键槽	中心线位置	5	尺量检查
	长度、宽度、深度	±5	

任务 2.2 预制柱施工与验收

2.2.1 预制柱安装与连接

预制柱在安装前，应做好技术、人员、环境、机具及材料各项准备，详细内容参见 1.2.1 预制墙板安装准备。

1. 预制柱安装流程

预制柱进场检查→预制柱构件堆放→楼面预制柱安装位置放线、标高找平→连接钢筋位置、外露长度及垂直度检验→预制柱安装标高测定及垫块放置→预制柱吊装索具准备→预制柱吊装、就位→预制柱支撑安装及校正→灌浆施工。

2. 预制柱安装要求

（1）预制柱安装前应校核轴线、标高以及连接钢筋的数量、规格、位置。

（2）预制柱安装就位后在两个方向应采用可调斜撑做临时固定，并进行垂直度调整以及在柱四角缝隙处加塞垫片。

（3）预制柱的临时支撑，应在灌浆套筒内的灌浆料强度达到设计要求后拆除，当设计无要求时，混凝土或灌浆料应达到设计强度的 75%以上方可拆除。

3. 预制柱主要安装工艺

（1）预制柱进场检查。

预制柱进场重点检查柱底钢筋每个灌浆套筒的畅通性、进出浆口的畅通性，并逐一检查灌浆套筒内钢筋插入的深度，用粉笔打钩确认。

（2）预制柱堆放。

按施工总平面布置图指定位置设置预制柱堆放区，按照构件种类和安装编号进行摆放，标识应清晰。预制柱属于大型预制构件，堆放场地与塔式起重机的起重能力一定要匹配。

（3）楼面预制柱安装位置放线、标高找平。

预制柱安装施工前，通过激光扫平仪和钢尺检查楼板面平整度，用铁制垫片使楼层平整度控制在允许偏差范围内。按要求在预制柱的安装位置处弹出轴线、控制边线等。

（4）连接钢筋位置、外露长度及垂直度检验。

根据所弹出柱线，采用钢筋限位框对伸出楼面的预制柱连接钢筋的位置、外露长度及垂直度做全数检验。对有弯折的预留插筋应用钢筋校正器进行校正，以确保预制柱连接的质量。

（5）预制柱安装标高测定及垫块放置。

预制柱较重，在测定柱底安装高度并放置垫块时，应在 4 个柱脚部位放置钢垫块，如图 2-10 所示。

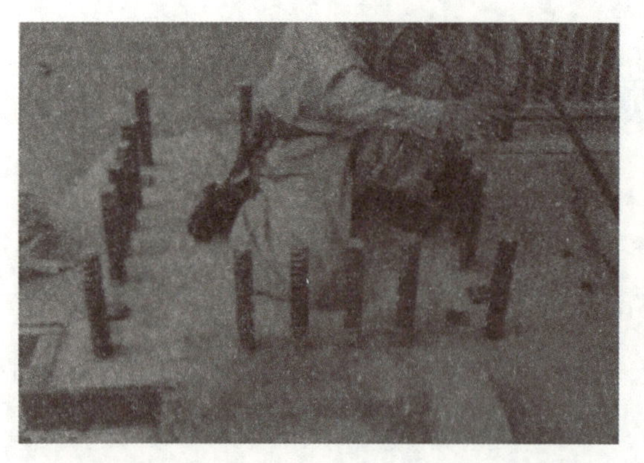

图 2-10　预制柱安装标高测定及垫块放置

（6）预制柱吊具准备。

预制柱吊装施工吊具的选择，直接关系到其是否能够安全起吊和顺利安装就位。吊具应根据不同的构件类型正确选用，吊装施工常用吊具及辅助工具如表 2-4 所示。

表 2-4　吊装施工常用吊具及辅助工具表

序号	名称	使用范围
1	钢梁	竖向预制构件吊装工具
2	吊架	叠合楼板吊装工具
3	吊爪	与预制构件上的吊钉连接
4	卸扣	直接与被吊物连接，用于索具与末端配件之间
5	吊钩	借助滑轮组等部件悬挂在起重设备的钢丝绳上
6	钢丝绳	预制构件吊装
7	缆风绳	墙板落位时使墙板保持稳定
8	防坠器	安全防护用品
9	悬挂双背安全带	安全防护用品
10	检测尺	测量墙板垂直度
11	人字梯	方便人员取钩

预制柱吊装施工

（7）预制柱吊装、就位。

预制柱吊装采用慢起、快升、缓放的操作方式。塔式起重机缓缓起吊，将预制柱吊离存放架，然后快速运至预制柱安装施工层。在预制柱就位前，应清理柱安装部位基层，然后将预制柱缓缓调运至安装部位的正上方，如图 2-11 所示。

预制柱吊装时，应注意吊点的可靠性，大型预制柱可采用双吊点。

图 2-11 预制柱吊装

（8）预制柱支撑安装及校正。

塔式起重机将预制柱下落至设计安装位置，下一层预制柱的竖向预留钢筋与预制柱底部的灌浆套筒全部连接，吊装就位后，一般在两个轴向方向成 90°正交设置不少于 2 根的斜支撑对预制柱临时固定，斜支撑与楼面的水平夹角不应小于 60°。

根据已弹好的预制柱的安装控制线和标高线，用 2m 长靠尺、吊线锤检查预制柱的垂直度，并通过可调斜支撑微调预制柱的垂直度（图 2-12），预制柱安装施工时应边安装边校正。

图 2-12 斜支撑微调预制柱的垂直度

（9）灌浆施工。

① 封边。柱脚四周采用座浆料封边，形成密闭灌浆腔，保证在最大灌浆压力下密封有效，如图 2-13 所示。

图 2-13　预制柱柱脚处理

② 灌浆。预制柱钢筋连接套筒的灌浆一般采用连通腔灌浆，用灌浆泵（枪）从接头下方的灌浆孔处向套筒内压力灌浆。同一仓只能用一个灌浆孔灌浆，不能同时选择两个及以上灌浆孔灌浆；同一仓应连续灌浆，不得中途停顿，如果中途停顿，再次灌浆时，应保证已灌入的灌浆料有足够的流动性，还需要将已经封堵的出浆孔打开，待灌浆料再次流出后逐个封堵出浆孔。

③ 封堵。接头灌浆时，待接头上方的排浆孔流出浆料后，及时用专用橡胶塞封堵。灌浆泵（枪）口撤离灌浆孔时，也应立即封堵。通过水平缝连通腔一次向构件的多个接头灌浆时，应按灌浆料排出先后依次封堵排浆孔，封堵时灌浆泵（枪）一直保持灌浆压力，直至所有排浆孔出浆并封堵牢固后再停止灌浆。如有漏浆须立即补灌损失的灌浆料。在灌浆完成、浆料凝结前，应巡视检查已灌浆的接头，如有漏浆及时处理。

灌浆作业应按产品要求计量灌浆料和水的用量并搅拌均匀，搅拌时间从开始加水到搅拌结束应不少于 5min，然后静置 2～3min；每次拌制的灌浆料拌合物应进行流动度的检测，且其流动度应符合设计要求。搅拌后的灌浆料应在 30min 内使用完毕。

4. 预制柱连接节点

1）预制柱连接节点现场钢筋施工

预制柱连接节点处的钢筋定位及绑扎对后期预制柱的吊装定位至关重要。预制柱的钢筋应严格根据深化设计图纸中的预留长度及定位装置尺寸下料。预制柱的箍筋及纵向钢筋绑扎时应根据测量放线的尺寸进行初步定位，再通过钢筋定位检查工具（图 2-14）进行精细定位。精细定位后应通过卷尺复测纵向钢筋之间的间距及每根纵向钢筋的预留长度，确保测量精度达到规范要求。最后通过焊接保证钢筋定位不被外力干扰，定位钢板在吊装本层预制柱时取出。

为了避免预制柱钢筋接头在混凝土浇筑时被污染，应采取保护措施对钢筋接头进行保护。

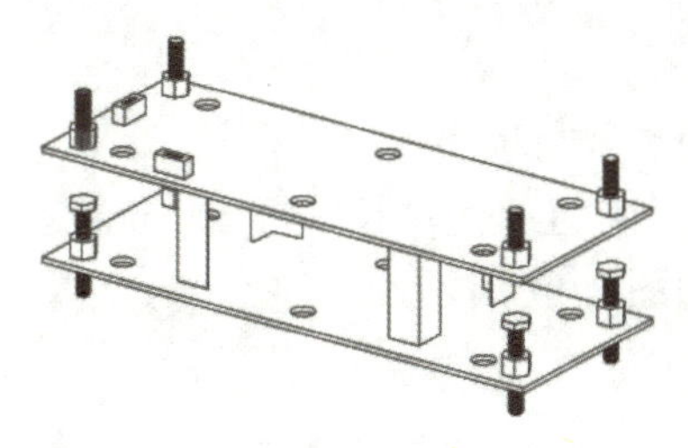

图 2-14　钢筋定位检查工具

知识链接

1. 钢筋定位检查工具

基本原理：由上下两块钢板组成，钢板上根据预留钢筋的设计位置进行开孔，在上层钢板安装气泡水平仪，利用钢板 4 个边角螺杆调节高度，如图 2-14 所示。

主要作用：对预留钢筋的定位进行检查，确保预留钢筋定位准确。

使用方法：在浇筑预留钢筋部位混凝土前，使用其对预留钢筋的定位进行检查，若此工具能顺利套入钢筋，则外伸钢筋定位准确；若此工具无法顺利套入钢筋，则需要使用钢筋定位矫正工具进行矫正，直至钢筋定位检查工具能顺利套入钢筋。此外，在通过调节螺杆高度使钢板上的气泡水平居中后，该工具还可检测钢筋外伸长度。

2. 钢筋定位矫正工具

基本原理：主要由 3 根钢筋焊接在一串固定间距的六角螺母上，并通过紧固铁带将钢筋紧固，上部设有橡胶把手，底部设有刻度标尺和刻度数值，中部设有圆形气泡水平仪，如图 2-15 所示。

主要用途：用于预留钢筋定位的矫正，同时确保预留钢筋的垂直度，使其满足设计要求，能与预制墙板上的灌浆套筒顺利拼接。

使用方法：将其套在预留钢筋上，扳动把手对其进行矫正，直到圆形气泡水平仪的气泡居中。矫正过程中，通过查看水平仪中气泡是否居中来判断钢筋是否调直。矫正完毕后可检测预留钢筋的长度是否满足设计要求。

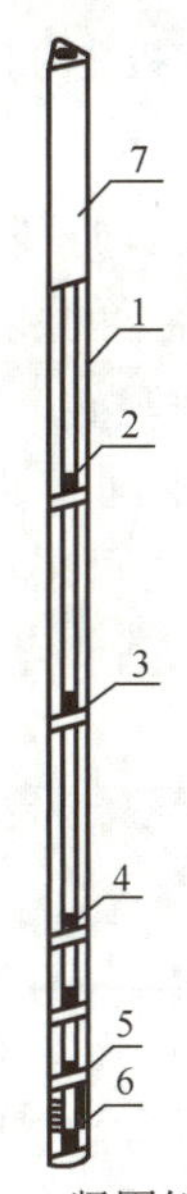

1—钢筋；2—六角螺母；3—紧固铁带；4—圆形气泡水平仪；5—刻度标尺；6—刻度数值；7—橡胶把手。

图 2-15　钢筋定位矫正工具

2）预制柱（柱底）与楼面的连接节点

当采用套筒灌浆连接时，柱底接缝设置在楼面标高处（图 2-16），并应符合下列规定。

（1）后浇节点区混凝土上表面应设置粗糙面。

（2）柱纵向受力钢筋应贯穿后浇节点区。

（3）柱底接缝厚度宜为20mm，并应采用灌浆料填实。

（4）柱箍筋加密区长度不应小于纵向受力钢筋连接区域长度与500mm之和；套筒上端第一道箍筋距离套筒顶部不应大于50mm，如图2-17所示。

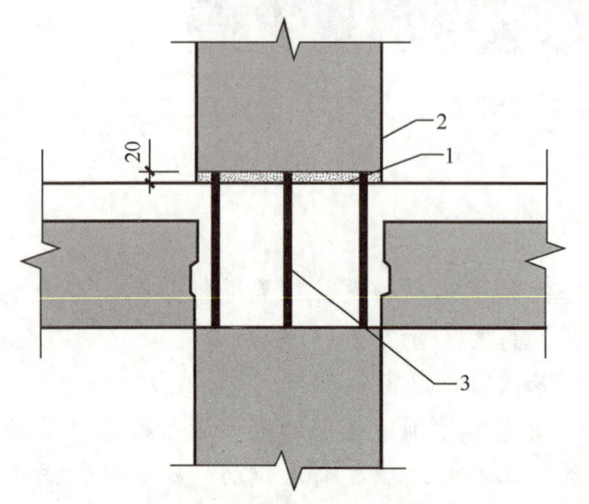

1—后浇节点区混凝土上表面粗糙面；
2—接缝灌浆层；3—后浇节点区。

图2-16　预制柱底接缝构造示意图

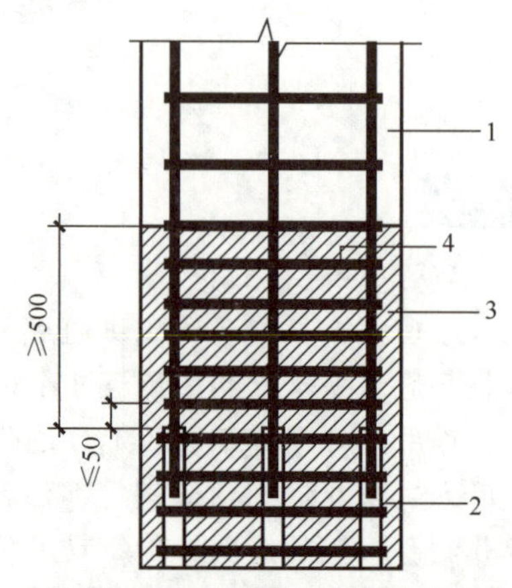

1—预制柱；2—钢筋套筒灌浆连接接头；
3—箍筋加密区（阴影区域）；4—加密区箍筋。

图2-17　采用钢筋套筒灌浆连接时柱底箍筋加密区域构造示意图

3）预制（叠合）梁与预制柱的连接节点

采用预制柱及叠合梁的装配式框架节点，梁纵向受力钢筋应伸入后浇节点区内锚固或连接，并应符合下列规定。

（1）框架中间层中间节点。该节点两侧的梁下部纵向受力钢筋宜锚固在后浇节点区内[图2-18（a）]，也可采用机械连接或焊接的方式直接连接[图2-18（b）]；梁的上部纵向受力钢筋应贯穿后浇节点区。

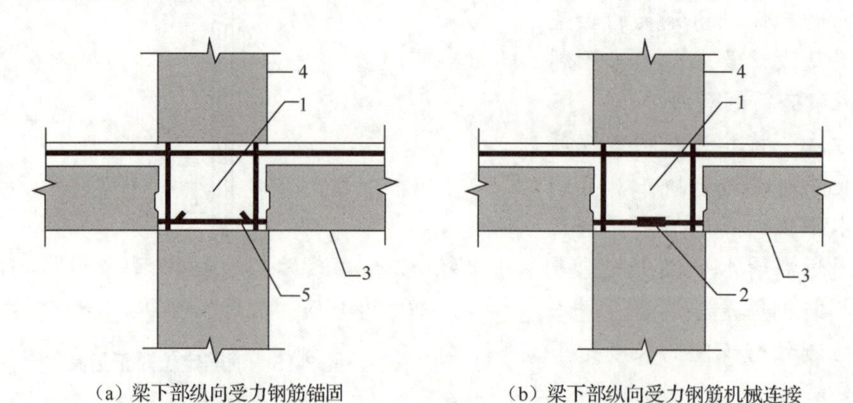

1—后浇节点区；2—梁下部纵向受力钢筋机械连接；3—叠合梁；
4—预制柱；5—梁下部纵向受力钢筋锚固。

图2-18　预制柱及叠合梁框架中间层中间节点构造示意图

（2）框架中间层端节点。当柱截面尺寸不满足梁纵向受力钢筋的直线锚固要求时，宜采用锚固板锚固（图 2-19），也可采用 90°弯折锚固。

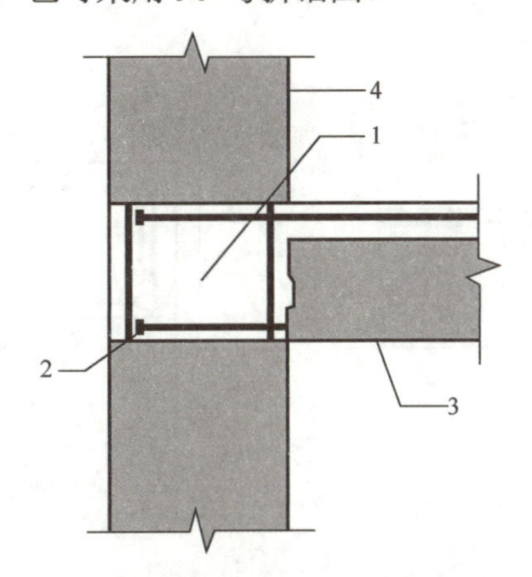

1—后浇节点区；2—梁纵向受力钢筋锚固；3—叠合梁；4—预制柱。

图 2-19 预制柱及叠合梁框架中间层端节点构造示意图

（3）框架顶层中间节点。梁纵向受力钢筋的构造应符合第（1）项的规定。柱纵向受力钢筋宜采用直线锚固；当梁截面尺寸不满足柱纵向受力钢筋直线锚固要求时，宜采用锚固板锚固，如图 2-20 所示。

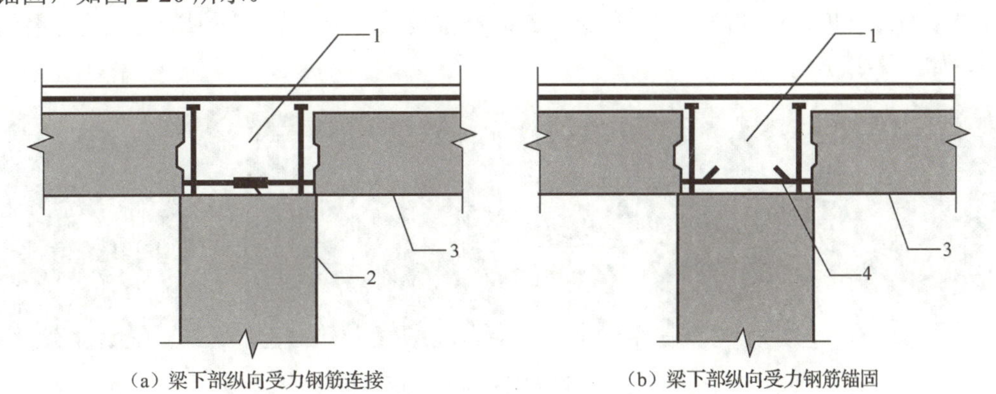

（a）梁下部纵向受力钢筋连接　（b）梁下部纵向受力钢筋锚固

1—后浇节点区；2—梁下部纵向受力钢筋连接；3—叠合梁；4—梁下部纵向受力钢筋锚固。

图 2-20 预制柱及叠合梁框架顶层中间节点构造示意图

（4）框架顶层端节点。梁下部纵向受力钢筋应锚固在后浇节点区内，且宜采用锚固板锚固。

（5）梁、柱其他纵向受力钢筋的锚固应符合下列规定。

① 柱宜伸出屋面并将柱纵向受力钢筋锚固在伸出段内[图 2-21（a）]，伸出段长度不宜小于 500mm，伸出段内箍筋间距不宜大于 $5d$（d 为柱纵向受力钢筋直径），且不应大于 100mm；柱纵向受力钢筋宜采用锚固板锚固，锚固长度不应小于 $40d$；梁上部纵向受力钢筋宜采用锚固板锚固。

② 柱外侧纵向受力钢筋也可与梁上部纵向受力钢筋在后浇节点区搭接[图 2-21（b）]，

其构造要求应符合现行国家标准《混凝土结构设计规范（2015 年版）》（GB 50010—2010）中的规定；柱内侧纵向受力钢筋宜采用锚固板锚固。

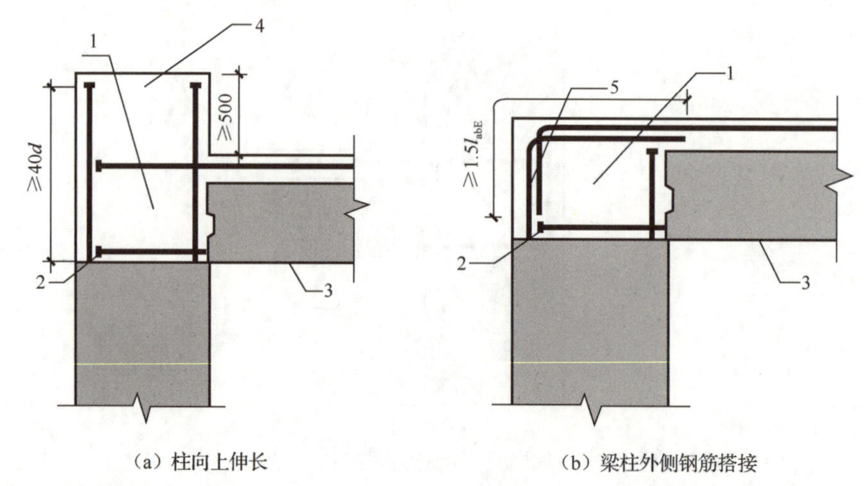

（a）柱向上伸长　　（b）梁柱外侧钢筋搭接

1—后浇节点区；2—梁下部纵向受力钢筋锚固；3—叠合梁；4—柱延伸段；5—梁柱外侧钢筋搭接。

图 2-21　预制柱及叠合梁框架顶层端节点构造示意图

4）预制柱连接节点区模板

预制柱连接节点区使用的模板宜采用定型钢模板，也可采用周转次数较少的木模板或其他类型的复合板，但应防止在混凝土浇筑时产生较大变形。节点区混凝土强度等级同预制柱，如图 2-22 所示。

图 2-22　预制柱连接节点区模板

2.2.2 预制柱施工质量保障措施

为保障预制柱施工质量，应施行以下措施。

1. 成品保护措施

（1）加强成品保护意识，采取成品保护措施，积极宣传，全体动员，以身作则，实行奖惩措施。

（2）下道工序施工期间应对上道工序成品加强保护，建立工序之间的交接制度。

（3）各专业之间应相互配合，减少污染，各工序施工时应设专人检查成品保护措施执行情况，及时纠正错误行为。

(4) 刚施工完的工序，特别是需要一段时间养护的工序，要做好标识，搭设临时围挡，预防人为损坏的行为发生。

(5) 材料不得乱堆放。

(6) 模板拆除不得乱砸乱撬，不得损坏构件棱角和混凝土表面。

(7) 混凝土浇筑时应设专人监护钢筋，保证受力钢筋位置正确，操作人员不得直接踩踏钢筋，必要时应铺设马道。

2. 安全生产措施

(1) 安全操作一般要求。

① 吊装前应编制预制柱吊装施工组织设计或制定施工方案，明确起重吊装安全技术要点和保证安全技术措施。须经有关技术部门审核、批准后，方可进行。

② 在开始吊装作业前，必须对吊装人员进行安全技术教育、安全技术交底和培训；配备好安全防滑用品；熟悉吊装工程内容、安装方法、程序、使用的机具性能、安全技术要点和措施；学习有关安全技术操作规程；明确安全生产责任制和具体分工，以及各项安全技术规章制度，并严格执行。

③ 吊装工作开始前，应组织有关部门，根据吊装方案要求，对运输和吊装起重机械以及所用索具、吊环、夹具、卡具、缆风绳、锚锭等的规格、技术性能进行仔细、全面的检查；起重机械要进行试运转，发现机件转动不灵活或有磨损、损坏、松动等现象，应视情况修理或对已磨损严重及有隐患的机件及时更换；滑轮组和机械的轴承等转动部分应加润滑油，经检查合格方可吊装。重要构件在正式吊装前应进行试吊，检查各部受力情况，一切正常才可进行正式吊装。所有吊装机具在吊装进行中还应定期检查，发现问题随时处理。

④ 在施工前和施工过程中，要做好现场清理，清除一切障碍物，以利于吊装安全操作。

⑤ 吊装作业应执行交接班制度，在交接班时，应进行吊装作业有关安全注意事项等内容的交接工作。吊装机具应在交接班时进行安全检查，已磨损或有隐患的必须及时更换。

⑥ 禁止斜吊，严禁起吊重物长时间悬挂在空中，作业中遇到突发故障应采取措施，将重物降落到安全地方，并关闭发动机或切断电源后进行检修。起重机械的吊钩和吊环严禁补焊，当吊钩或吊环表面有裂纹、严重磨损或危险断面及有永久变形时应予更换。

(2) 起重机械的使用安全。

① 预制柱施工现场使用的起重机械应具有法定的生产许可证、出厂合格证，并向当地安监站办理登记备案手续。

② 起重机械安装和拆卸单位必须取得起重机械安装工程专业承包资质，并按安装规范要求编制安装和拆卸方案，经项目技术负责人审定，报施工、监理、建设单位审查合格后，方可组织实施。安装作业人员必须经过培训取得上岗资格证书。

③ 预制柱安装作业前，安装单位技术负责人必须对相关作业人员进行全面安全技术交底；安装过程中，应划出警戒区域，安装单位技术负责人、项目负责人、安全管理人员、项目安全总监须进行全过程监控。

④ 起重机械进场后，项目安全部门应对机械各部位，吊具、索具、限位、限制器等安全设施和安全保护装置进行安全检查和验收，保证安全可靠。

⑤ 起重机械与带电线路、毗邻建筑物必须满足安全距离及安全防护要求。在安装多台塔式起重机时，为防止相邻塔式起重机碰撞，应在每台塔式起重机上安装防碰撞装置。

（3）吊装人员作业安全。

① 预制柱吊装人员必须持有《中华人民共和国特种作业操作证》。

② 预制柱吊装作业前，应预先在吊装现场安装安全警戒标识并设专人监护，非施工人员禁止入内。

③ 预制柱吊装作业夜间应有足够的照明。室外作业遇到大雪、大雾及六级以上大风时，应停止作业。

④ 吊装人员必须佩戴安全帽，安全帽应符合《头部防护　安全帽》（GB 2811—2019）的规定。高处作业时必须佩戴合格的安全带，安全带要高挂低用。

⑤ 吊装人员必须避免与带电线路接触，保持安全施工距离。

⑥ 吊装作业时，吊装人员必须分工明确、坚守岗位，按规定联络信号，统一指挥，严禁随意操作。严禁利用管道、管架、电杆、机电设备等作为吊装锚点。

⑦ 吊装作业时，必须按规定负荷进行吊装，吊具、索具经计算选择使用，严禁超负荷运行。悬吊重物下方严禁站人、通行和工作。

⑧ 必须按《吊装安全作业票》上填报的内容进行作业，严禁涂改、转借《吊装安全作业票》，变更作业内容，扩大作业范围或转移作业部位。

⑨ 对吊装作业审批手续不全、安全措施不落实、作业环境不符合安全要求的，吊装人员有权拒绝作业。

知识链接

在吊装作业中，有下列情况之一严禁吊装。

①指挥信号不明；②超负荷或物体质量不明；③斜拉重物；④光线不足以致看不清重物；⑤重物下站人；⑥重物埋在地下；⑦重物紧固不牢，吊绳打结；⑧棱刃物体没有衬垫措施；⑨吊装时，重物越过人上方；⑩安全装置失效。

3. 文明施工措施

（1）按现场各部位使用功能划分区域，建立文明施工责任制，明确管理负责人，实行挂牌制，所辖区域有关人员执行岗位责任制规定。

（2）操作地点和周围必须清洁整齐，做到工完场清。施工现场不乱堆垃圾和余物，在适当地点设置临时堆放点，并定期外运；保证道路坚实畅通；现场施工临时水电设施由专人管理。

（3）加强机械设备的保养和维修，遵守机械安全操作规程，做好安全防护措施，保证机械正常运作；临时用电设施的各种电箱分级统一尺寸标准，摆放位置合理，便于施工和保持场容整洁。

（4）施工所需的各种材料和工具，应根据施工进度及现场条件有计划地安排加工和进场。各种材料的装卸、运输要做到文明施工，根据材料的品种特性选择合适的装运机械和装卸方法，保证材料、成品、半成品完好。

（5）制定文明施工制度，从安全防护、消声隔声措施、现场清洁等方面制定专门防护和保证措施。最大限度地降低噪声，认真执行文明施工管理规定。

2.2.3 预制柱安装质量验收

预制柱安装尺寸的允许偏差及检验方法如表 2-5 所示。

表 2-5 预制柱安装尺寸的允许偏差及检验方法

项次	项目		允许偏差/mm	检验方法
1	构件中心线对轴线位置		8	经纬仪及尺量
2	构件标高		±5	水准仪或拉线、尺量
3	构件垂直度	≤6m	5	经纬仪或吊线、尺量
		＞6m	10	
4	相邻构件平整度	外露	5	用水准仪或尺量
		不外露	8	2m 靠尺和塞尺
5	支座、支垫中心位置		10	尺量

校正柱垂直度需用两台经纬仪观测。上测点应设在柱顶，经纬仪的架设位置，应使其望远镜视线面与观测面尽量垂直（夹角应大于 75°），观测变截面柱时，经纬仪必须架设在轴线上，使经纬仪视线面与观测面相垂直，以防止因上下测点不在一个垂直面而产生测量差错。垂直度校正后应复查平面位置，如其偏差超过 5mm，应重新进行调整。

应用案例

西南地区首个高层装配式框架-现浇核心筒结构体系建筑实践
——新兴工业园服务中心

本项目为西南地区首个高层装配式框架-现浇核心筒结构体系建筑、西南地区首个装配式公共建筑、首个采用 EPC 模式的装配式建筑项目、首个全过程采用 BIM 技术的装配式建筑项目。

新兴工业园服务中心总建筑面积约 $9 \times 10^4 m^2$，其中酒店和公寓采用了装配式结构体系。酒店建筑高度为 77.6m，从 ±0.000 开始装配，除核心筒外所有结构构件均为工厂预制，主要预制构件包括：预制柱、预制梁、叠合楼板、预制楼梯和预制外挂墙板，建筑内部采用一体化内装的预制轻质内墙板，整体预制装配率达 56%。公寓采用框架结构，公寓地上建筑面积 41347.07 m^2，地下 1 层、地上 11 层，高度 42.90m，部分构件采用预制构件，构件总类包括叠合楼板、预制楼梯，预制装配率为 20%。

预制柱吊装施工流程包括转换层钢筋定位→预制柱吊装→预制柱底灌浆施工，具体流程如图 2-23 所示。

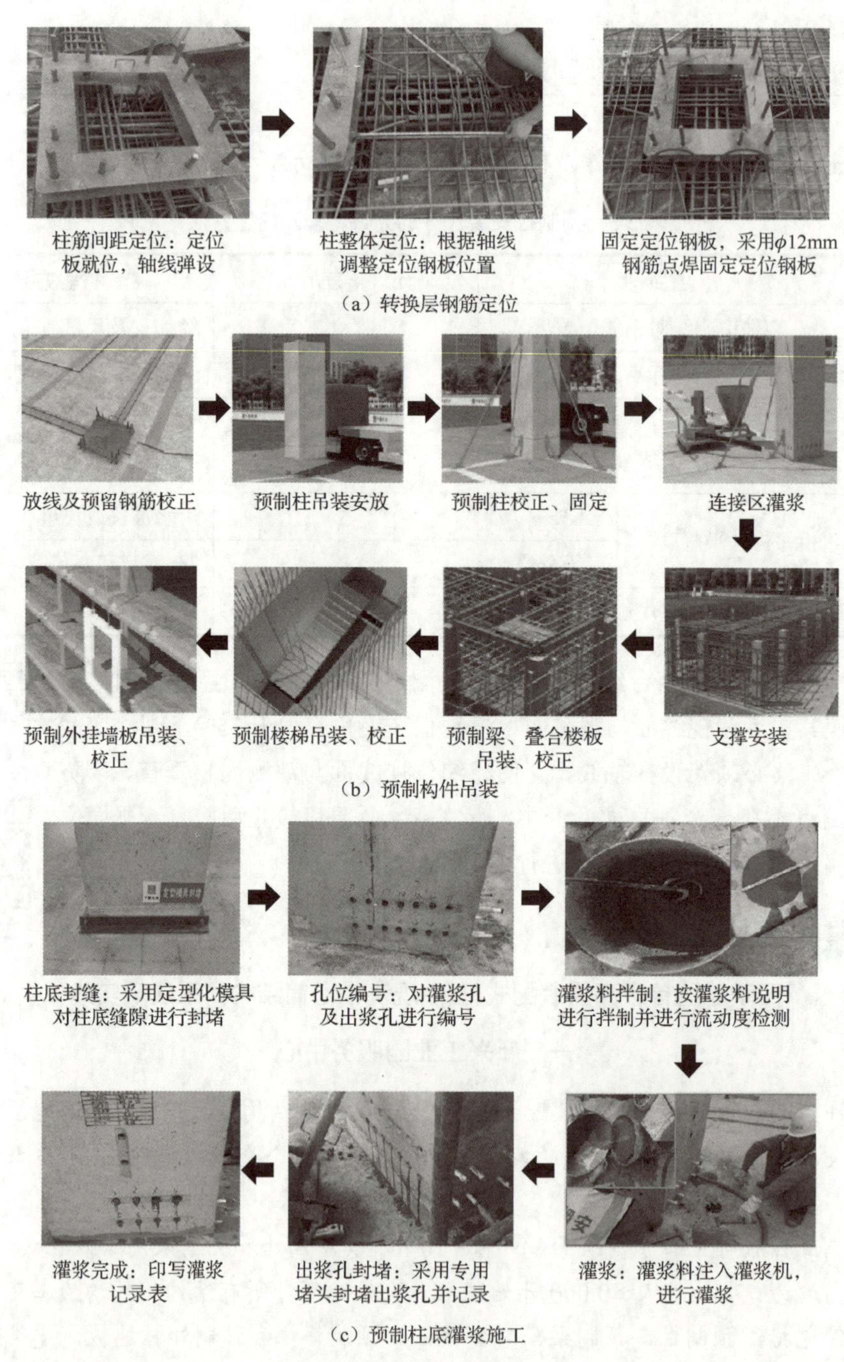

图 2-23　预制柱吊装施工流程

项 目 小 节

通过本项目学习，需掌握以下内容。

（1）预制柱的生产工艺流程。

（2）预制柱的尺寸允许偏差及检验方法。

（3）预制柱安装流程。

（4）预制构件的钢筋套筒灌浆连接技术和浆锚搭接连接技术。

（5）预制柱连接节点构造。

（6）预制柱施工质量保障措施和安装质量验收。

根据本项目所学内容和涉及相关规范，完成以下习题。

一、单选题

1．在已经制作好的模具内加工预制墙板，下列选项中不属于其生产工序的是（　　）。

A．清理模板　　B．安装预制构件　　C．模内布筋　　D．养护

2．预制柱装车时应采用（　　）运送的方式。

A．竖放　　B．平放　　C．侧立靠放　　D．以上说法都对

3．楼板与柱、剪力墙分开浇筑时，柱、剪力墙混凝土的浇筑高度应（　　）叠合楼板底标高。

A．明显高于　　B．略高于　　C．等于　　D．略低于

4．通常情况下，预制柱宜水平堆放，且不少于（　　）条垫木支撑。

A．2　　B．3　　C．4　　D．5

5．预制柱中的预制空腔柱钢筋总长度的允许偏差为（　　）mm。

A．+5　　B．−3　　C．±5　　D．−5

6．关于预制柱浇筑的要求，下列说法错误的是（　　）。

A．预制柱应沿长度方向连续分层浇筑、振捣，分层高度不宜超过400mm，不应超过500mm

B．混凝土浇筑前应测试坍落度，一般控制在160±20mm

C．当混凝土不再下沉，边角无空隙，表面基本形成水平面，表面泛浆，不再冒出气泡时，视为振捣密实

D．浇筑过程中，注意振动棒靠近预埋件时需小心处理，避免发生移位，严禁用振动棒撬动钢筋

7. 预制柱运输前应确定出厂日期的混凝土强度，在起吊、移动过程中混凝土强度不得低于 15MPa；在设计无明确要求时，预制柱构件强度应不低于设计强度的（　　）才能运输。

A. 65%　　B. 70%　　C. 75%　　D. 80%

8. 预制构件的堆放高度，应考虑堆放处地面的承压力和构件的总质量以及构件的刚度及稳定性的要求，预制柱不得超过（　　）层。

A. 1　　B. 2　　C. 3　　D. 4

9. 装配式框架结构中，预制柱水平接缝处不宜出现（　　）。

A. 拉力　　B. 剪力　　C. 压力　　D. 弯矩

10. 预制梁端、预制柱端、预制墙端的粗糙面凹凸深度不应小于（　　）mm。

A. 2　　B. 4　　C. 6　　D. 8

11. 叠合板、预制柱、叠合梁等构件可采用叠放的方式，重叠堆放的构件应采用垫木隔开，上、下垫木应在（　　）。

A. 同一垂直线　　B. 同一水平线　　C. 不同水平线　　D. 不同垂直线

12. 高度≤6m 的预制柱安装完成后，垂直度允许偏差为（　　）mm。

A. 3　　B. 4　　C. 5　　D. 6

13. 预制柱垂直度采用（　　）进行调节。

A. 水平支撑　　B. 垂直支撑　　C. 可调节斜支撑　　D. 支架

二、多选题

1. 下列关于预制柱吊运、安装的说法，正确的有（　　）。

A. 预制柱的就位以外轮廓线为控制线

B. 预制柱安装就位后应在两个方向设置可调节临时固定措施，并应进行垂直度、扭转调整

C. 预制柱就位前应设置柱底调平装置，控制柱安装标高

D. 宜按照中柱、角柱、边柱顺序进行安装，与现浇部分连接的柱宜先行吊装

2. 预制柱安装前，应按设计要求校核连接钢筋的（　　）和数量。

A. 标高　　B. 焊缝　　C. 尺寸　　D. 位置

项目3 预制梁工程

知识目标

1. 了解预制梁的生产工艺。
2. 熟悉预制梁模具尺寸允许偏差及检验方法。
3. 掌握预制梁台座制作的固定模台法和流动模台法两种工艺。

能力目标

1. 能掌握预制梁模板制作、安装与拆除。
2. 能通过预制梁构件外观质量检验判断是否存在缺陷。
3. 能制定预制梁施工专项方案。

素养目标

1. 培养学生良好的学习态度与学习方法、学习能力，以及科学的思维方式与分析、处理问题的能力。

2. 培养学生爱岗敬业、求真务实、实践创新的精神和踏实严谨、刻苦钻研、不断进取的科学精神。

引例

某停车楼项目为装配式立体停车楼，该停车楼采用全装配剪力墙-梁柱结构体系，预制率达95%以上，抗震设防烈度为7度，结构抗震等级为三级，该工程地上4层，地下1层，预制构件共计3788个，其中水平构件及竖向构件连接方式均采用钢筋套筒灌浆连接。预制梁吊装如图3-1所示。

图 3-1　预制梁吊装

请利用本项目所学知识，完成以下任务。

请你结合施工及验收规范要求，帮助项目技术员刘某完成预制梁等水平构件的吊装任务。

任务 3.1　预制梁生产

3.1.1　预制梁生产工艺

预制梁制备过程中采用的生产工艺包括固定模台法和流动模台法。

1. 固定模台法

固定模台法主要用于生产流动模台无法制作的预制构件。当预制梁宽度较宽（600～800mm）时采用此制作工艺，如图3-2所示。

图 3-2 固定模台法制作梁

2. 流动模台法

目前，多数预制梁生产线采用流动模台法，如图 3-3 所示。该工艺采用柔性节拍、移动式、自动化生产线，可生产多品种构件。

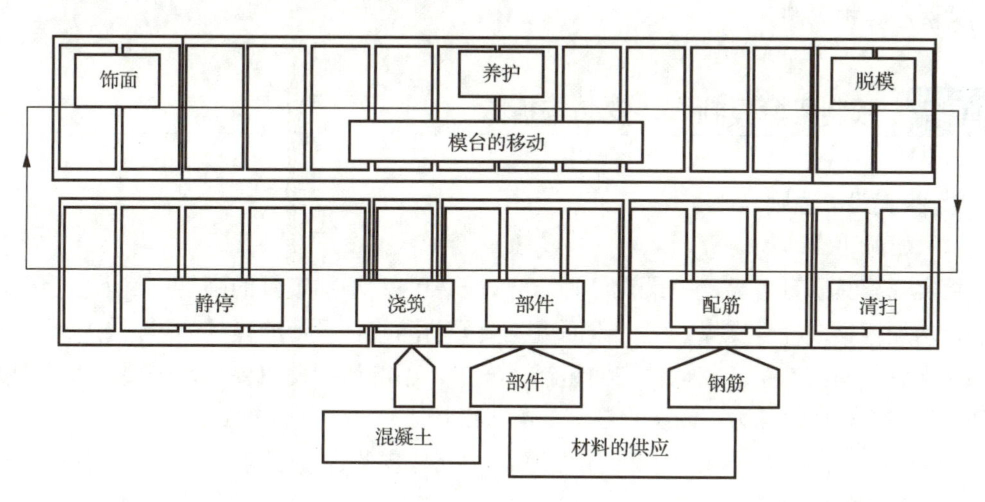

图 3-3 流动模台法

流动模台法中常用的主要设备包括混凝土空中运输车、混凝土输送平车、桥式起重机、布料机、振动台、辊道输送线、平移摆渡车、模台存取机、蒸汽养护窑、构件运输平车、模台。国内的供应商主要有湖南三一快而居住宅工业有限公司、山东万斯达数控设备有限公司、河北新大地机电制造有限公司等。国外主要的预制构件流水线成套设备供应商有艾巴维（Ebawe）、安夫曼（Avermann）、威克曼（Weckenmann）、沃乐特（Vollert）等。

3. 台座设置要求

（1）预制梁的台座强度应满足张力要求，台座尽量设置于地质较好的地基上；对软土地基的台座基础要进行加强；台座与施工主干道要有足够的安全距离。

（2）预制场设置在填方路堤或线外填方场地时，为防止产生不均匀沉降变形而影响预制的质量，应对场地分层碾压密实，并对台座基础进行加固，尤其台座两端应采用 C20 以上的片石混凝土扩大基础进行加固，以满足预制梁张拉起拱后基础两端的承载力要求。同时应在台座上设置沉降观测点进行监控。存梁区台座应视地基的承载力情况适当配筋。

（3）台座应满足不同长度预制梁的制作需求，底模应采用通长钢板，不得采用混凝土底模。钢板厚度应为6～8mm，并确保钢板平整、光滑，及时涂脱模剂，防止吊装梁体时，由于黏结而造成底模出现麻面、蜂窝。

（4）预制台座、存梁台座间距应大于2倍模板宽度，以便吊装模板。预制台座与存梁台座数量应根据预制梁数量和工期要求来确定，并要有一定的富余。

（5）台座要满足不同长度梁片的制作。台座两侧用红油漆标明钢筋间距。

（6）用于存梁的枕梁可设在离预制梁两端面各50～80cm处，且不影响吊装梁体的位置。支垫材质必须采用承载力足够的非刚性材料，且不污染梁底。

（7）横隔梁的支撑优先选用固定式底座，底座与存梁台座同步管理建设。

（8）预制区设置自动喷淋养护设备，混凝土采用喷淋养护，保证除底板底面外各部位均处于养护范围内。养护用水需进行过滤，避免出现喷嘴堵塞现象，管道应埋入地下。现场应设置沉淀池、循环池、加压泵，养护用水应循环利用。冬季构件采用蒸汽养护，设置活动式蒸汽养护大棚。

3.1.2 预制梁模具制作、安装与拆除

1. 模具设计原则

（1）质量可靠。

要实现模具质量可靠，模具设计时，一方面要注意增加模具的强度，目前主要采用经验法，增加槽钢或杆件支撑；另一方面就是要严防漏浆，设计的模具如果密封性不好，会有漏浆现象。模具漏浆会使构件表面粗糙、发黑，不能达到使用要求，需要工人花费大量时间进行修整，耗时耗力。为防止漏浆，需在模具边界处进行密封处理，使用20mm×8mm或20mm×6mm的冷拉扁钢，留有适量空隙，填充橡皮条进行密封。

（2）方便操作。

预制梁等使用的材料为混凝土，质量、体积大，在混凝土浇筑硬化后，脱模是否方便是在设计中必须考虑的首要问题。若无法脱模，该模具设计不仅无用，还会造成人工、材料成本大量浪费。模具设计中，在不易脱模的地方要加入拔模斜度、斜面框架体等易于脱模的结构。

（3）可操作性强。

模具整体的高度要合理，便于工人站立操作，模具底部及中部留有足够空间，便于工人安装、拆卸模具。

（4）方便运输。

（5）使用寿命长。

2. 模具设计要求

预制梁等预制构件的模具以钢模为主，面板主材选用 Q235 钢板，支撑结构可选用型钢或钢板，规格可根据模具形式选择，应满足以下要求。

（1）模具应具有足够的承载力、刚度和稳定性，保证在构件生产时能可靠承受浇筑混凝土的质量、侧压力及工作荷载。

（2）模具应支、拆方便，且应便于钢筋安装和混凝土浇筑、养护。

（3）模具的部件与部件之间应连接牢固；预制构件上的预埋件均应有可靠的固定措施。

3. 模具制作安装

1）开料

开料指依照零件图将零件所需的各部分材料按图纸尺寸裁制的过程。部分精度要求较高的零件、裁制好的板材还需要进行精加工来保证其尺寸精度符合要求。

2）零件制作

零件制作指将裁制好的材料依照零件图进行折弯、焊接、打磨等工序制成零件的过程。由于每套模具被分解得较零散，需按顺序统一编号。部分零件因其外形尺寸对产品质量影响较大，为保证产品质量，焊接好的零件还需对其局部尺寸进行精加工。

3）组装成模

除满足模具设计要求，组装模具还应满足构件质量、生产工艺、模具组装拆卸、周转次数、预制构件预留孔洞、插筋、预埋件的安装定位等要求。预应力预制构件的模具应根据设计要求进行预设反拱。

将制成的各零件依照组装图组模。组模时，应保证各相关尺寸达到精度要求，待所有尺寸均符合要求后，安装定位销及连接螺栓，随后安装定位机构和调节机构。边模组装前应当贴双面胶或组装后打密封胶，防止浇筑振捣过程漏浆。侧模与底模、顶模组装后必须在同一平面内，严禁出现错台；组装后校对尺寸，特别注意对角尺寸，然后使用磁盒进行加固，使用磁盒固定模具时，一定要将磁盒底部杂物清除干净，且必须将螺栓有效地压到模具上，模具组装允许偏差及检验方法见表 3-1。

表 3-1 模具组装允许偏差及检验方法

项次	测定部位	允许偏差/mm	检验方法
1	边长	±2	钢尺四边测量
2	对角线误差	3	细线测量两条对角线尺寸，取差值
3	底模平整度	2	对角用细线固定，钢尺测量细线到底模各点距离的差值，取最大值
4	侧模高差	2	钢尺两边测量取平均值
5	表面凹凸	2	靠尺和塞尺检查
6	扭曲	2	对角线用细线固定，钢尺测量中心点高度差值
7	翘曲	2	四角固定细线，钢尺测量细线到钢模板边距离，取最大值

续表

项次	测定部位	允许偏差/mm		检验方法
8	弯曲	2		四角固定细线，钢尺测量细线到钢模板顶距离，取最大值
9	侧向扭曲	$H<300$	1.0	侧模两对对角线细线固定，钢尺测量中心点高度
		$H>300$	1.0	

模具预留孔洞中心位置的允许偏差及检验方法见表3-2。

表3-2　模具预留孔洞中心位置的允许偏差及检验方法

项次	检验项目及内容	允许偏差/mm	检验方法
1	预埋件、插筋、预留孔洞中心位置	3	用钢尺测量
2	预埋螺栓、螺母中心位置	2	用钢尺测量
3	灌浆套筒中心线位置	1	用钢尺测量

4）检查与维护

所有模具必须保持干净，不得存有铁锈、油污及混凝土残渣。根据生产计划合理选取模具，保证充分利用模台。对于变形超过规定要求的模具一律不得使用，首次使用及大修后的模具应当全数检查，使用中的模具应当定期检查，并做好检查记录。预制构件的模具尺寸允许偏差及检验方法应符合表3-3的规定，有设计要求时应按设计要求确定。

表3-3　模具尺寸允许偏差及检验方法

项次	检验项目及内容		允许偏差/mm	检验方法
1	长度	≤6mm	1，-2	用钢尺平行构件高度方向，取其中偏差绝对值较大处
		>6mm且≤12mm	2，-4	
		>12mm	3，-5	
2	截面尺寸		2，-4	用钢尺测量两端或中部，取其中偏差绝对值较大处
3	对角线差		3	用钢尺测量纵横两方向的对角线
4	侧向弯曲		$L/1500$且≤5	拉线，用钢尺测量侧向弯曲最大处
5	翘曲		$L/1500$	对角拉线测量交点间距距离值的2倍
6	底模表面平整度		2	用2m靠尺和塞尺测量
7	组装缝隙		1	用塞片或塞尺测量
8	端模与侧模高低差		1	用钢尺测量

4. 部分模具拆除

在预制构件蒸汽养护之前，要把吊模和防漏浆的部件拆除。选择此时拆除的原因如下。

（1）吊模在流水线上好拆卸，节省上部空间，可降低蒸汽养护窑的高度。

（2）混凝土此时几乎还没强度，防漏浆的部件还很容易拆除。若等到脱模的时候，混凝土的强度已达到 20MPa 左右，防漏浆部件、混凝土和边模会紧紧地粘在一起，极难拆除，所以防漏浆部件必须在蒸汽养护之前拆掉。

当构件脱模时，首先将边模上的螺栓和定位销全部拆卸掉，为了保证模具的使用寿命，拆卸的工具禁止使用大锤，宜为皮锤、羊角锤、小撬棍等。

3.1.3 预应力梁钢筋笼制作及预应力钢绞线安装

当生产的预制梁为预应力梁时，其钢筋笼制作及预应力钢绞线安装步骤如下。

（1）根据梁线排版表，针对每一个梁的型号、编号、配筋状况进行钢筋笼绑扎，梁上口另配 2ϕ12 作为临时架立筋，同时增配几根ϕ8mm 圆钢（L=500～700mm）起斜向固定钢筋笼作用，并电焊加固，以防止钢筋笼在穿拉过程中变形。另根据图纸预埋设计，在梁钢筋笼绑扎过程中进行预埋，如临时支撑预留埋件等。

（2）按梁线排版表中的钢绞线根数，进行钢绞线断料穿放；按梁线排版顺序从后至前穿钢筋笼，每条钢筋笼按挡头钢模板→梁端木模板→钢筋笼→梁端木模板→挡头钢模板顺序进行穿笼。

（3）钢筋笼全部穿好就位后，操作液压杆升起梁模板，并上好固定销与紧固螺杆进行固定。对钢筋笼进行调整，同时固定预留缺口模板。

（4）再次调整安装中变形的钢筋笼，以及走位的模板；对梁长进行重新校正。

3.1.4 预制梁混凝土施工

预制梁的混凝土采用 C40（中碎石子）早强混凝土，后台搅拌，混凝土的坍落度应能满足浇筑作业，且不影响最终强度，具体强度应按设计要求。混凝土通过运输车、桁车直接吊送于梁模具中。人工使用振动棒振捣混凝土。

预制（叠合）梁的叠合面需在初凝前做粗糙处理，箍筋外围在终凝前应做压光处理。

由于梁截面较大，为防止混凝土温度应力差过大，梁混凝土浇筑时无须进行预热，混凝土浇筑结束后直接从常温开始升温。通过直接控制温控阀按钮使梁处于升温状态，每小时均匀升温 20°C，一直升到 80℃后触发温控器控制蒸汽的打开。在预制梁强度达到脱模强度（75%混凝土设计强度）后，停止供汽，让梁缓慢降温，从而避免梁因温度突变而产生裂缝。

3.1.5 预制梁脱模、运输和堆放

1. 预制梁脱模

混凝土达到脱模强度后，卷起篷布，拆除加固用的模板支撑，进行预制梁起吊。梁从模板起吊后即可拆除钢挡板、键槽模板及临时架立筋。对预留在外的箍筋进行局部调整。分别对键槽里口、预留缺口混凝土表面进行凿毛处理，以增加其与后浇混凝土的黏结力。

2. 预制梁运输

包含预制梁在内的预制构件运输应遵守以下规定。

（1）预制构件运输前，根据运输需要选定合适、平整、坚实的路线。

（2）在运输前应按清单仔细核对各预制构件的型号、规格、数量及是否配套。

（3）预制构件必须采用平运法，不得竖直运输。

（4）预制构件重叠平运时，各层之间必须放 100mm×100mm 木方支垫，且垫块位置应保证构件受力合理，上下对齐。

（5）预制构件应分类重叠码放储存。

（6）运输前要求预制构件厂按照构件的编号，统一用黑色签字笔在预制构件侧面及顶面醒目处做标识，并标注吊点。

（7）运输车根据构件类型设专用运输架或合理设置支撑点，且须有可靠的稳定构件措施，如用钢丝绳加紧固器绑牢，以防构件在运输时受损。

（8）运输车启动应平缓、车速行驶平稳，严禁超速、猛转向和急刹车。

3. 预制梁堆放

根据梁线排版表，对照预制梁分别进行编号、标识，及时进行转运堆放，预制梁宜水平堆放。堆放时要求支撑点上下垂直，统一位于吊钩处，梁堆放不得超过三层，同时对梁端进行清理，底部支撑高度不小于 100mm。若预制梁为叠合梁，则须将枕木垫于实心处，不可让薄壁部位受力，如图 3-4 所示。

图 3-4　预制梁堆放

3.1.6 预制梁生产质量验收

1. 外观质量检验

预制梁的外观检验，主要检查是否存在露筋、蜂窝、孔洞、夹渣、疏松、裂缝及连接部位缺陷、外形缺陷、外表缺陷，并根据其对构件结构性能和使用工程的影响程度来划分一般缺陷或严重缺陷，如表 3-4 所示。

表 3-4　预制梁外观质量检验

名称	现象	严重缺陷	一般缺陷
露筋	构件内钢筋未被混凝土包裹而外露	主筋有露筋	其他钢筋有少量露筋
蜂窝	混凝土表面缺少水泥砂浆，形成石子外露	主筋部位和搁置点有蜂窝	其他部位有少量露筋
孔洞	混凝土中孔羽深度和长度均超过保护层厚度	构件主要受力部位有孔洞	不应有孔洞
夹渣	混凝土中夹有杂物且深度超过保护层厚度	构件主要受力部位有夹渣	其他部位有少量夹渣
疏松	混凝土中局部不密实	构件主要受力部位有疏松	其他部位有少量疏松
裂缝	缝隙从混凝土表面延伸至混凝土内部	构件主要受力部位有影响结构性能或使用功能的裂缝	其他部位有影响结构性能或使用功能的裂缝
连接部位缺陷	构件连接处混凝土缺陷及连接钢筋、连接件松动，灌浆套筒未保护	连接部位有影响结构传力性能的缺陷	连接部位有基本不影响结构性能的缺陷
外形缺陷	表面缺棱掉角、棱角不直、翘曲不平等	清水混凝土构件有影响使用功能的外形缺陷	其他混凝土构件有不影响使用功能的外形缺陷
外表缺陷	构件内表面麻面、掉皮、起砂、沾污等，外表面污染、预埋件被破坏	清水混凝土构件有影响使用功能的外表缺陷	其他混凝土构件有不影响使用功能的外表缺陷

预制梁的外观质量不应有严重缺陷，且不宜有一般缺陷。对已出现的一般缺陷，应按技术方案进行处理，并应重新检验。

2. 成品质量检验

预制梁的尺寸允许偏差及检验方法应符合表 3-5 的规定。

表 3-5　预制梁的尺寸允许偏差及检验方法

项目		允许偏差/mm	检验方法
长度	＜12m	±5	尺量检查
	≥12m 且＜18m	±10	
	≥18m	±20	
宽度、高度		±5	钢尺量一端及中部，取其中偏差绝对值较大处
侧向弯曲		l/750 且≤20	拉线、钢尺量大侧向弯曲处
预埋件位置		10	钢尺检查
表面平整度		5	2m 靠尺、塞尺
挠度变形	设计起拱	±10	拉线，钢尺量最大弯曲处
	下垂	0	
预留洞位置		15	尺量检查

续表

项目		允许偏差/mm	检验方法
主筋保护层		+10，−5	尺量检查
预留插筋	中心线位置	3	尺量检查
	外露长度	+5，−5	
键槽	中心线位置	5	尺量检查
	长度、宽度、深度	±5	

任务 3.2　预制梁施工与验收

3.2.1　预制梁安装技术准备

预制梁安装施工前应做以下技术准备。

（1）装配式混凝土结构施工应制定专项方案。专项施工方案宜包括工程概况、编制依据、进度计划、施工场地布置、预制构件运输与存放、安装与连接施工、绿色施工、安全管理、质量管理、信息化管理、应急预案等内容。

（2）预制构件、安装用材料及配件等应符合国家现行有关标准及产品应用技术手册的规定，并应按照国家现行相关标准的规定进行进场验收。

（3）施工现场应根据施工平面规划设置运输通道和存放场地，并应符合下列规定。

① 现场运输道路和存放场地应坚实平整，并应有排水措施。

② 施工现场内道路应按照构件运输车辆的要求合理设置转弯半径及道路坡度。

③ 预制构件运送到施工现场后，应按规格、品种、使用部位、吊装顺序分别设置存放场地。存放场地应设置在吊装设备的有效起重范围内，且应在堆垛之间设置通道。

④ 构件的存放架应具有足够的抗倾覆性能。

⑤ 构件运输和存放对已完成结构、基坑有影响时，应经计算复核。

（4）安装施工前，应进行测量放线并设置构件安装定位标识。测量放线应符合现行国家标准《工程测量标准》（GB 50026—2020）的有关规定。

（5）安装施工前，应核对已施工完成结构、基础的外观质量和尺寸偏差，确认混凝土强度和预留预埋符合设计要求，并应核对预制构件的混凝土强度及预制构件和配件的型号、规格、数量等符合设计要求。

（6）安装施工前，应复核吊装设备的吊装能力。应按现行行业标准《建筑机械使用安全技术规程》（JGJ 33—2012）的有关规定，检查复核吊装设备及吊具处于安全操作状态，并核实现场环境、天气、道路状况等满足吊装施工要求。

（7）防护系统应按照施工方案进行搭设、验收，并应符合以下规定。

① 工具式防护架应试组装并全面检查，附着在构件上的防护系统应复核其与吊装系统的协调。

② 工具式防护架应经计算确定。

③ 高处作业人员应正确使用安全防护用品，宜采用工具式防护架进行安装作业。

3.2.2 预制梁安装与连接

1. 预制梁安装施工

1）预制梁安装施工流程

预制梁安装施工流程，如图 3-5 所示。

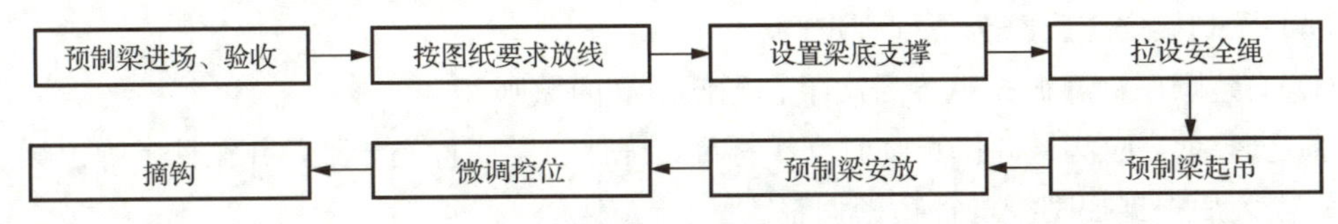

图 3-5 预制梁安装施工流程图

2）施工要点

（1）弹控制线：测出柱顶与梁底标高误差，柱上弹出梁边控制线。

（2）注写编号：在构件上标明每个构件所属的吊装顺序和编号，便于吊装人员辨认。

（3）梁底支撑：梁底支撑采用立杆支撑+可调顶托+100mm×100mm 木方，预制梁的标高通过支撑体系的顶丝来调节。

（4）起吊。

① 预制梁起吊时，用吊索钩住扁担梁的吊环，吊索应有足够的长度以保证吊索和扁担梁之间的角度≥60°。

② 当预制梁初步就位后，两侧借助柱头上的梁定位线将梁精确校正，在调平同时将下部可调支撑上紧，这时方可松去吊钩。

③ 主梁吊装结束后，根据柱上已放出的梁边和梁端控制线，检查主梁上的次梁缺口位置是否正确，如不正确，需做相应处理后方可吊装次梁，梁在吊装过程中要按柱对称吊装。

（5）预制梁与其他构件连接接头处理。

① 键槽混凝土浇筑前应将键槽内的杂物清理干净，并提前 24h 浇水湿润。

② 键槽钢筋绑扎时，为确保钢筋位置准确，键槽须预留 U 形开口箍，待梁柱钢筋绑扎完成，在键槽上安装∩形开口箍与原预留 U 形开口箍双面焊接 $5d$（d 为钢筋直径）。

2. 预制梁安装规定

（1）预制构件安装应符合以下规定。

① 应根据当天的作业内容进行班前技术安全交底。

② 预制构件应按照吊装顺序预先编号，吊装时严格按编号顺序起吊。

③ 预制构件在吊装过程中，宜设置缆风绳控制构件转动。

（2）预制构件吊装就位后，应及时校准并采取临时固定措施。预制构件就位校核与调整应符合以下规定。

① 叠合楼板、预制梁等水平构件安装后应对安装位置、安装标高进行校核与调整。

② 水平构件安装后，应对相邻预制构件平整度、高低差拼缝尺寸进行校核与调整。

③ 临时固定措施、临时支撑系统应具有足够的强度、刚度和整体稳固性，应按现行国家标准《混凝土结构工程施工规范》（GB 50666—2011）的有关规定进行验算。

预制构件与吊具的分离应在校准定位及临时支撑安装完成后进行。

（3）水平预制构件安装采用临时支撑时，应符合以下规定。

① 首层支撑架体的地基应平整坚实，宜采取硬化措施。

② 临时支撑的间距及其与墙、柱、梁边的净距应经计算确定，竖向连续支撑层数不宜少于 2 层且上下层支撑宜对准。

（4）预制梁安装应符合下列规定。

① 安装顺序宜遵循先主梁后次梁、先低后高的原则。

② 安装前，应测量并修正临时支撑标高，确保与梁底标高一致，并在柱上弹出梁边控制线；安装后根据控制线进行精密调整。

③ 安装前，应复核柱钢筋与梁钢筋位置、尺寸，对梁钢筋与柱钢筋位置有冲突的，应按经设计单位确认的技术方案调整。

④ 安装时梁伸入支座的长度与搁置长度应符合设计要求。

⑤ 安装就位后应对水平度、安装位置、标高进行检查。

⑥ 预制梁下部的竖向支撑可采取点式支撑，支撑位置与间距应根据施工验算确定。

⑦ 预制梁竖向支撑宜选用可调标高的定型独立钢支架。

⑧ 预制梁的搁置长度及搁置面的标高应符合设计要求。

⑨ 预制（叠合）梁的临时支撑，应在后浇混凝土强度达到设计要求后方可拆除。

3. 预制梁连接

（1）预制梁的连接应符合国家现行标准《混凝土结构工程施工规范》《钢筋套筒灌浆连接应用技术规程（2023 年版）》等有关规定。当采用自密实混凝土时，应符合现行行业标准《自密实混凝土应用技术规程》（JGJ/T 283—2012）有关规定。

（2）采用钢筋套筒灌浆连接、钢筋浆锚搭接连接的预制构件施工，应符合以下规定。

① 现浇混凝土中伸出的钢筋应采用专用模具进行定位，并应采用可靠的固定措施控制连接钢筋的中心位置，外露长度应满足设计要求。

② 构件安装前应检查预制构件上灌浆套筒、预留孔的规格、位置、数量和深度，当灌浆套筒、预留孔内有杂物时，应清理干净。

③ 应检查被连接钢筋的规格、数量、位置和长度。当连接钢筋倾斜时，应进行校直；连接钢筋偏离灌浆套筒或孔洞中心线不宜超过 3mm。连接钢筋中心位置存在严重偏差影响预制构件安装时，应会同设计单位制定专项处理方案，严禁随意切割、强行调整定位钢筋。

（3）钢筋套筒灌浆连接接头应按检验批划分要求及时灌浆，灌浆作业应符合现行行业标准《钢筋套筒灌浆连接应用技术规程（2023 年版）》的有关规定。

（4）钢筋机械连接的施工应符合现行行业标准《钢筋机械连接技术规程》的有关规定。

（5）焊接或螺栓连接的施工应符合国家现行标准《钢结构焊接规范》（GB 50661—2011）、《钢结构工程施工规范》（GB 50755—2012）、《钢筋焊接及验收规程》（JGJ 18—2012）的有关规定。采用焊接连接时，应采取避免损伤已施工完成的结构、预制构件及配件的措施。

4．装配式混凝土结构后浇部分钢筋要求

（1）预制梁柱节点区的钢筋安装要求。

① 预制梁采用封闭箍筋时，预制梁上部纵向钢筋应预先穿入箍筋内临时固定，并随预制梁一同安装就位。

② 预制梁采用开口箍筋时，预制梁上部纵向钢筋可在现场安装。

（2）装配式结构后浇部分施工时，应采取可靠的保护措施，防止钢筋偏移及受到污染。

5．装配式混凝土结构后浇部分施工要求

（1）装配式混凝土结构宜采用工具式支架和定型模板。

（2）模板应保证后浇部分形状、尺寸和位置准确。

（3）模板与预制构件接缝处应采取防止漏浆的措施，可粘贴密封条。

（4）后浇混凝土的施工应符合以下规定。

① 预制构件结合面疏松部分的混凝土应剔除并清理干净。

② 混凝土分层浇筑高度应符合国家现行有关标准的规定，应在底层混凝土初凝前将上一层混凝土浇筑完毕。

③ 浇筑时应采取保证混凝土或砂浆浇筑密实的措施。

④ 预制梁、柱混凝土强度等级不同时，预制梁柱节点区混凝土强度等级应符合设计要求。

⑤ 混凝土浇筑应布料均衡，浇筑和振捣时，应对模板及支架进行观察和维护，发生异常情况应及时处理；构件接缝混凝土浇筑和振捣应采取措施防止模板、相连接构件、钢筋、预埋件及其定位件移位。

（5）构件连接部位后浇混凝土及灌浆料的强度达到设计要求后，方可拆除临时支撑系统。拆模时的混凝土强度应符合现行国家标准《混凝土结构工程施工规范》的有关规定和设计要求。

6．钢筋套筒灌浆连接原理及工艺

（1）钢筋套筒灌浆连接原理。

钢筋套筒灌浆连接是将带肋钢筋插入灌浆套筒，向灌浆套筒内灌注无收缩或微膨胀的水泥基灌浆料，充满灌浆套筒与钢筋之间的间隙，灌浆料硬化后与钢筋的横肋和灌浆套筒内壁凹槽或凸肋紧密啮合，即实现两根钢筋连接后所受外力能够有效传递。

灌浆套筒连接水平钢筋时，事先将灌浆套筒安装在一端钢筋上，两端连接钢筋就位后，将灌浆套筒从钢筋一端移动到两根钢筋中部，钢筋两端均插入灌浆套筒至规定的深度，再从灌浆套筒侧壁通过灌浆孔注入湿灌浆料，至灌浆料从出浆孔流出，灌浆料充满灌浆套筒内壁与钢筋的间隙，灌浆料凝固后即将两根水平钢筋连接在一起。

（2）钢筋套筒灌浆连接工艺。

预制梁在工厂预制加工阶段只预埋连接钢筋。在结构安装阶段，连接预制梁时，灌浆套筒套在两构件的连接钢筋上，向每个灌浆套筒内灌注灌浆料并静置到灌浆料硬化，预制梁的钢筋连接即结束，如图 3-6 所示。

图 3-6 预制梁钢筋套筒灌浆连接

知识链接

叠合梁连接节点构造

1. 叠合梁对接连接节点构造

叠合梁可采用对接连接（图 3-7），并应符合下列规定。

（1）连接处应设置后浇段，后浇段的长度应满足梁下部纵向钢筋连接作业的空间需求。

（2）梁下部纵向钢筋在后浇段内宜采用机械连接、焊接连接或钢筋套筒灌浆连接，如图 3-8 所示。

（3）后浇段内的箍筋应加密，箍筋间距不应大于 $5d$（d 为连接纵向钢筋的最小直径），且不应大于 100mm。

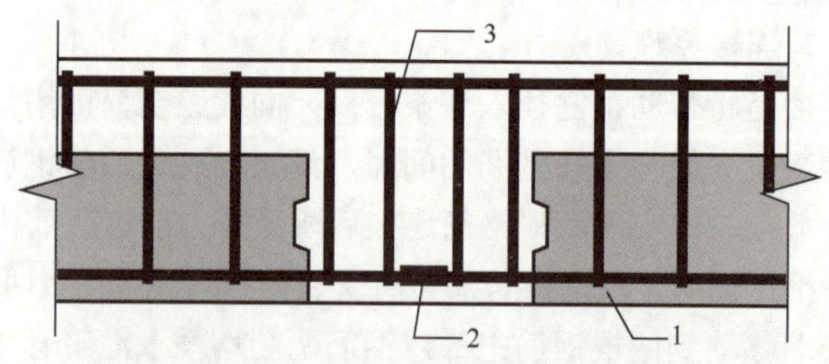

1—叠合梁；2—钢筋连接接头；3—后浇段。

图 3-7 叠合梁对接连接节点示意图

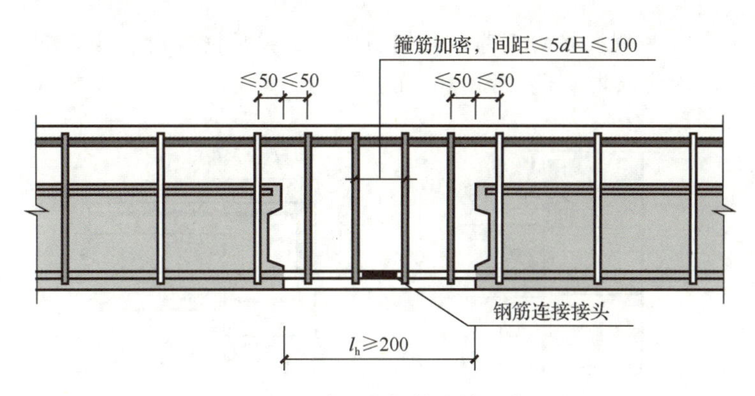

图 3-8　梁底纵向钢筋连接示意图

2. 叠合楼盖中次梁与主梁的连接节点构造

对于装配式框架结构叠合楼盖，次梁与主梁的连接可采用后浇混凝土节点，即主梁上预留后浇段，混凝土断开而钢筋连续，以便穿过和锚固次梁钢筋。当主梁截面较高而次梁截面较小时，主梁预制混凝土也可不完全断开，而采用预留凹槽的形式供次梁钢筋穿过，次梁端部可设计为刚接和铰接，如图 3-9 所示。

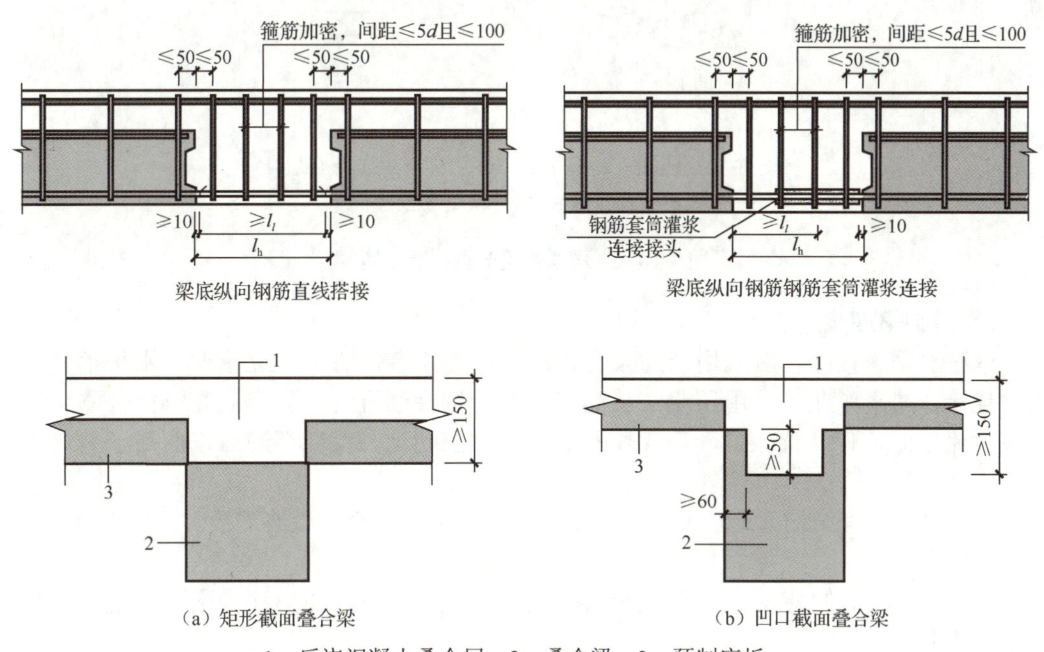

1—后浇混凝土叠合层；2—叠合梁；3—预制底板。

图 3-9　叠合楼盖中梁截面示意图

主梁与次梁采用后浇段连接时，应符合以下规定。

（1）端部节点。次梁下部纵向钢筋伸入主梁后浇段内的长度不应小于 12d。次梁上部纵向受力钢筋应在主梁后浇段内锚固。当采用弯折锚固[图 3-10（a）]或锚固板时，锚固直段长度不应小于 0.6l_{ab}；当钢筋应力不大于钢筋强度设计值的 50%时，锚固直段长度不应小于 0.35l_{ab}；弯折锚固的弯折后直段长度不应小于 12d。

（2）中间节点。两侧次梁的下部纵向钢筋伸入主梁后浇段内长度不应小于 12d；次梁上部纵向钢筋应在现浇层内贯通[图 3-10（b）]。

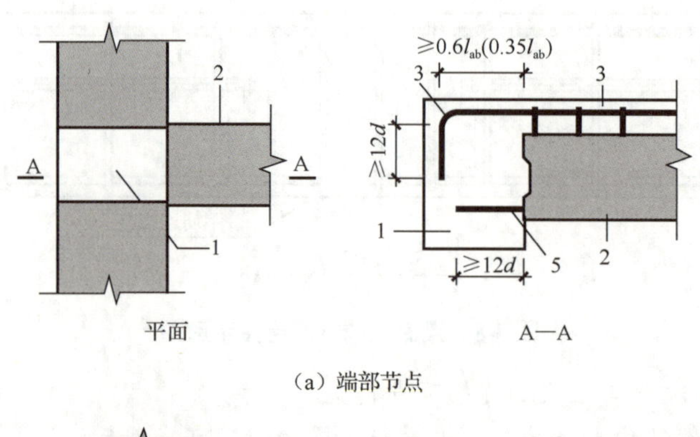

（a）端部节点

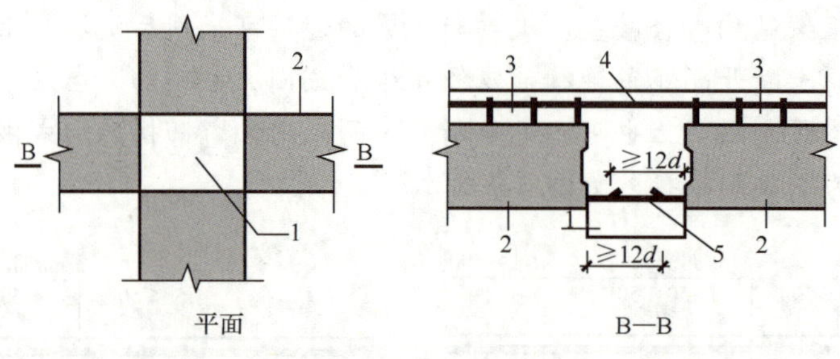

（b）中间节点

1—主梁后浇段；2—次梁；3—后浇混凝土叠合层；

4—次梁上部纵向钢筋；5—次梁下部纵向钢筋。

图 3-10　主次梁连接节点构造示意图

7. 预制梁灌浆施工

钢筋水平连接时，应采用全灌浆套筒连接，灌浆套筒各自独立灌浆。水平钢筋套筒灌浆连接，灌浆作业应采用压浆法从灌浆套筒一侧灌浆孔注入，当灌浆料拌合物在另侧出浆孔流出时应停止灌浆。套筒灌浆孔、出浆孔应朝上，保证灌满后浆面高于套筒内壁最高点。

预制梁和既有结构改造现浇部分的水平钢筋采用钢筋套筒灌浆连接时，施工措施应符合以下规定。

（1）连接钢筋的外表面应标记插入灌浆套筒最小锚固长度的标识，标识位置应准确、颜色应清晰。

（2）对灌浆套筒与钢筋之间的缝隙应采取防止灌浆时灌浆料拌合物外漏的封堵措施。

（3）预制梁的水平连接钢筋轴线偏差不应大于 5mm，超过允许偏差的应予以处理。

（4）与既有结构的水平钢筋相连接时，新连接钢筋的端部应设有保证连接钢筋同轴、稳固的装置。

（5）灌浆套筒安装就位后，灌浆孔、出浆孔应在套筒水平轴正上方±45°的锥体范围内，并安装有孔口超过灌浆套筒外表面最高位置的连接管或连接头。

水平钢筋连接灌浆施工停止后30s，如发现灌浆料拌合物下降的异常情况，应检查灌浆套筒两端的密封或灌浆料拌合物排气情况，并及时补灌或采取其他措施。补灌应在灌浆料拌合物达到设计规定的位置后停止，并应在灌浆料凝固后再次检查其位置是否符合设计要求。

预制梁工程的安全施工与环境保护措施参见1.2.3安全施与环境保护。

3.2.3 预制梁施工质量验收

（1）预制梁施工应按现行国家标准《建筑工程施工质量验收统一标准》《混凝土结构工程施工质量验收规范》的有关规定进行质量验收。

（2）预制梁应按检验批进行进场验收。

（3）预制梁连接节点及叠合层浇筑混凝土前，应进行隐蔽工程验收。隐蔽工程验收主要包括以下内容。

① 混凝土粗糙面的质量，键槽的尺寸、数量、位置。

② 钢筋的牌号、规格、数量、位置、间距，箍筋弯钩的弯折角度及平直段长度。

③ 钢筋的连接方式、接头位置、接头数量、接头面积百分率、搭接长度、锚固方式及锚固长度。

④ 预埋件的规格、数量、位置。

⑤ 其他隐蔽项目。

（4）预制梁施工质量验收时，还应提供下列文件和记录。

① 工程设计文件、预制梁安装施工图和加工制作详图。

② 预制梁主要材料及配件的质量证明文件、进场验收记录、抽样复验报告。

③ 预制梁安装施工记录。

④ 钢筋套筒灌浆连接形式检验报告、工艺检验报告和施工检验记录，浆锚搭接连接的施工检验记录。

⑤ 后浇混凝土部位的隐蔽工程检查验收文件。

⑥ 后浇混凝土、灌浆料、座浆料强度检测报告。

⑦ 装配式结构分项工程质量验收文件。

⑧ 装配式工程的重大质量问题的处理方案和验收记录。

⑨ 装配式工程的其他文件和记录。

应用案例

港珠澳大桥工程项目

港珠澳大桥工程项目包括珠海、澳门接线及口岸，海中桥隧主体工程，香港接线及香港口岸，总长55km，是目前世界最长的跨海大桥。海中桥隧主体工程长约29.6km，包含

十年百变

桥、岛、隧工程，投资约 481 亿元。隧道采用沉管方案，其中东、西人工岛岛上沉管段各长 518m，海中沉管段总长 5664m，共分 33 节，标准管节长度 180m，宽 37.95m，高 11.4m。创新性地采用大直径深插式钢圆筒作为止水围护结构进行外海筑岛。把 120 组直径为 22m，高 40～50m 的大直径钢圆筒振沉至不透水层形成岛壁结构，用了 210d 时间，比传统工法提前近 2 年形成外海施工的掩蔽条件。

1. 技术难点及科技创新

港珠澳大桥工程项目技术难点及科技创新如图 3-11 所示。

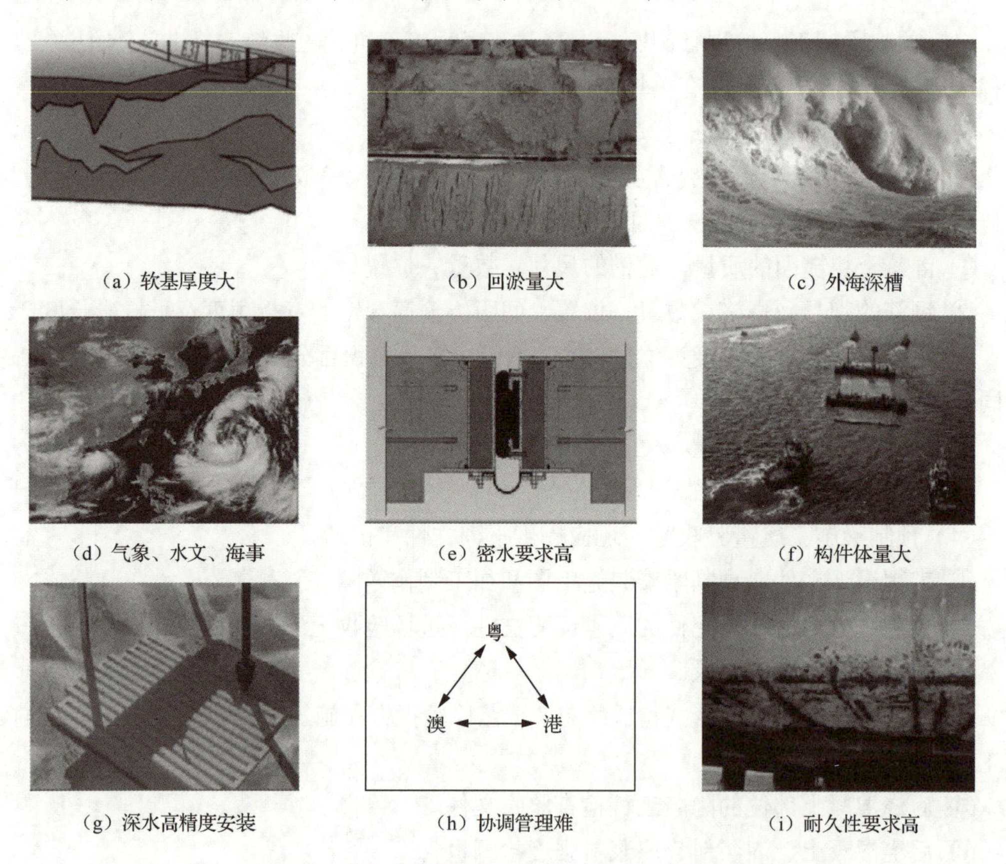

（a）软基厚度大　（b）回淤量大　（c）外海深槽

（d）气象、水文、海事　（e）密水要求高　（f）构件体量大

（g）深水高精度安装　（h）协调管理难　（i）耐久性要求高

图 3-11　港珠澳大桥工程项目技术难点及科技创新

2. 主要创新成果及应用多专业融合

港珠澳大桥施工

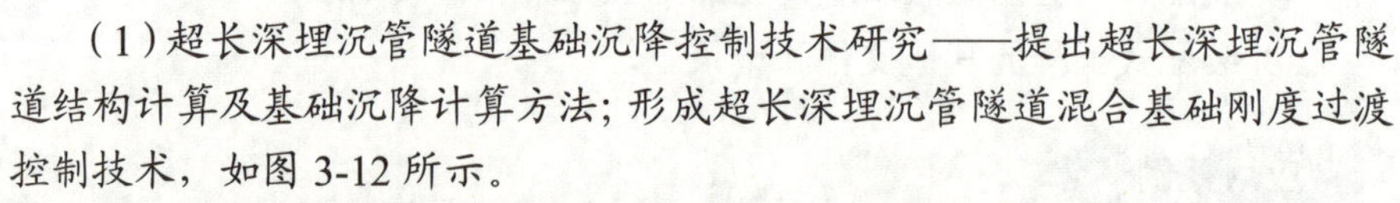

（1）超长深埋沉管隧道基础沉降控制技术研究——提出超长深埋沉管隧道结构计算及基础沉降计算方法；形成超长深埋沉管隧道混合基础刚度过渡控制技术，如图 3-12 所示。

（2）超长沉管隧道抗震设计方法与振动台试验模拟技术——建立多点非一致地震激励下超长沉管隧道地震响应快速分析方法，并形成沉管隧道减震控制技术。

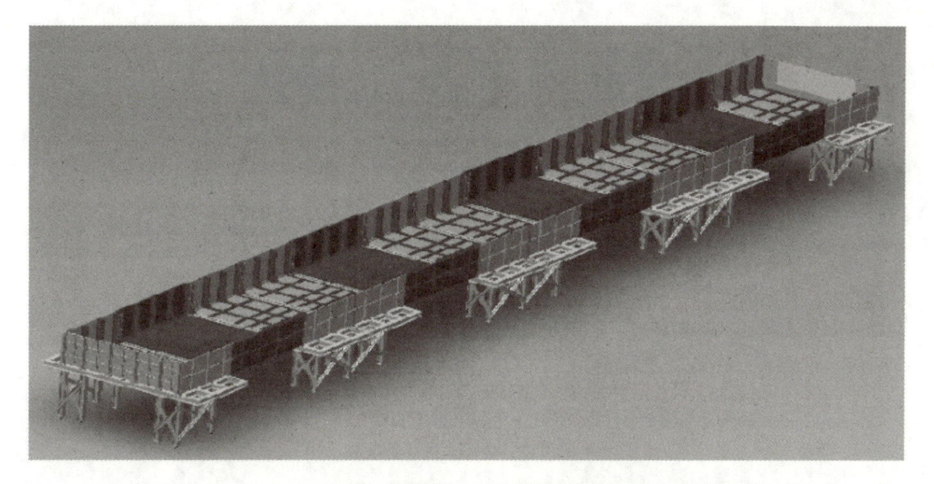

（a）超长沉管隧道振动台试验的模型箱设计

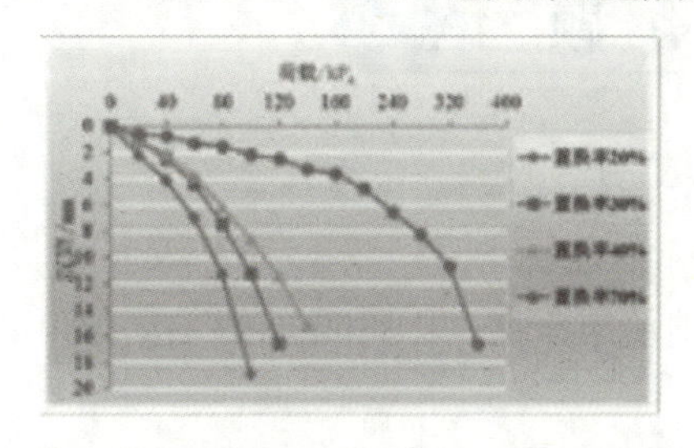

（b）不同置换率挤密砂桩荷载-沉降曲线对比

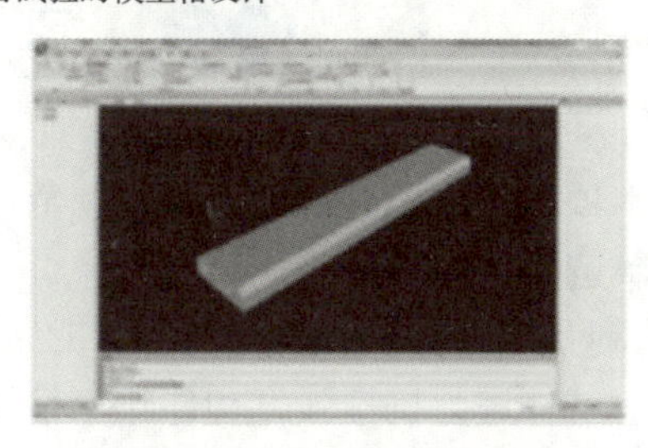

（c）沉管隧道结构基础设计集成系统

（d）试验现场

图 3-12 超长深埋沉管隧道基础沉降控制技术研究

项目小节

通过本项目学习，需掌握以下内容。

（1）预制梁生产工艺。

（2）预制梁模具尺寸允许偏差及检验方法。

（3）预制梁安装技术准备工作，预制梁安装与连接的施工流程和工艺。

（4）预制梁的连接工艺。

（5）预制梁生产、安装质量验收方法。

（6）现场预制梁堆放储存和预制梁运输应注意的事项。

习 题

根据本项目所学内容和涉及相关规范，完成以下习题。

一、单选题

1. 预制预应力混凝土梁键槽内的U形钢筋应采用HRB400级或HRB500级钢筋。进场时应抽取试件进行抗拉强度和伸长率检验，同一厂家、同一牌号且同一规格不超过（　　）为一批。

A．60t　　B．50t　　C．40t　　D．30t

2. 叠合梁长度超过4m时，宜采用（　　）个支撑点。

A．2　　B．3　　C．4　　D．5

3. 预制梁装车时应采用（　　）运送的方式。

A．竖放　　B．平放　　C．侧立靠放　　D．以上说法都对

4. 下列叠合梁连接节点的规定中，说法错误的是（　　）。

A．梁端应设置键槽或粗糙面

B．连接处应设置后浇段，长度应满足钢筋连接的作业空间需求

C．下部纵向钢筋宜采用机械连接、钢筋套筒灌浆连接、焊接连接，也可采用绑扎搭接连接

D．后浇段的箍筋应加密，间距不大于10d，且不大于200mm

5. 预制梁根据制作工艺不同可分为预制实心梁和（　　）。

A．预制T形梁

B．叠合梁

C．预制空心梁

D．预制夹心梁

6. 梁底支撑采用立杆支撑+可调顶托+（　　）木方。

A．100mm×150mm

B．100mm×100mm

C. 50mm×100mm

D. 200mm×200mm

7. 通常情况下，预制梁宜水平堆放，且不小于（　　）条垫木支撑。

A. 2　　B. 3　　C. 4　　D. 5

8. 预制梁安装前应复核柱钢筋与梁钢筋位置、尺寸，对梁钢筋与柱钢筋位置有冲突的，正确做法是（　　）。

A. 施工单位编制技术方案经设计单位确认后调整

B. 施工单位编制技术方案后调整

C. 施工单位编制技术方案经建设单位确认后调整

D. 施工单位编制技术方案经监理单位确认后调整

9. 梁构件可采用叠放的方式，重叠堆放的构件应采用垫木隔开，上、下垫木应在（　　）。

A. 同一垂直线　　B. 同一水平线　　C. 不同水平线　　D. 不同垂直线

10. 梁构件搁置长度的允许偏差（　　）mm。

A. ±5　　B. ±10　　C. ±15　　D. ±20

二、多选题

1.《装配式混凝土建筑技术标准》中规定预制梁安装说法正确的有（　　）。

A. 安装顺序必须遵循先主梁后次梁、先低后高的原则

B. 安装时梁伸入支座的长度与搁置长度应符合设计要求

C. 叠合梁的临时支撑，应在后浇混凝土强度达到设计要求后方可拆除

D. 安装就位后应对水平度、安装位置、标高进行检查

2. 梁底纵向钢筋采用钢筋套筒灌浆连接时，箍筋加密区间距为（　　）且≤（　　）。

A. 200mm　　B. 5*d*　　C. 10*d*　　D. 100mm

3. 预制构件的形状、尺寸、质量应满足（　　）各环节的要求。

A. 制作　　B. 安装　　C. 运输　　D. 堆放

4. 根据《装配式混凝土结构连接节点构造（楼盖结构和楼梯）》（15G310-1）图集的规定，主次梁边节点施工时次梁端设后浇段的处理方式正确的有（　　）。

A. 次梁底纵向钢筋采用机械连接

B. 次梁底纵向钢筋采用钢筋套筒灌浆连接

C. 主梁底纵向钢筋采用机械连接

D. 主梁底纵向钢筋采用钢筋套筒灌浆连接

5. 下列符合预制构件蒸汽养护基本要求的有（　　）。

A. 蒸汽养护分为静养、升温、恒温、降温 4 个阶段

B. 静养时间根据外界温度一般为 2～3h

C. 升温速度宜为每小时 20～30℃

D. 降温速度不宜超过每小时 10℃

三、简答题

1．预制梁生产工艺包括几种？
2．简述预制梁模具设计原则。
3．如何进行模板制作？
4．预制梁吊装施工要点？
5．如何通过外观检验预制梁构件质量？
6．进行预制梁吊装作业时应符合几项安全规定？

项目 4 叠合板工程

知识目标

1. 掌握叠合板的加工与制作流程。
2. 了解叠合板质量检验的主要内容。
3. 了解叠合板施工工艺流程。
4. 掌握叠合板安装工艺与方法。
5. 熟悉叠合板施工现场管理和安装质量验收的注意事项。

能力目标

1. 能监督叠合板的生产过程。
2. 能进行叠合板的质量验收和记录。
3. 能够在现场进行装配式建筑测量定位、叠合板安装。
4. 学会确保叠合板安装质量的控制措施、施工现场的管理措施，使叠合板安装满足设计及施工要求。

素养目标

1. 培养学生分析、解决问题的综合能力，团队协作精神和社会责任感。
2. 培养学生爱岗敬业、精益求精的工匠精神和刻苦钻研、不断进取的科学精神。

引例

中海华山西 D 地块项目（图 4-1）位于济南市历城区，新黄路以北、华山路以西，总建筑面积为 302387.84m^2，占地面积为 68920m^2，容积率为 3.27。本项目一、二期工程全部采用叠合板。

图 4-1 中海华山西 D 地块项目

请利用本项目所学知识，完成以下任务。

如果你是一名预制构件质检员，你如何对叠合板进行质量验收？其生产和施工的质量验收标准有哪些？

任务 4.1 叠合板生产

钢筋桁架混凝土叠合板是指下部采用钢筋桁架预制底板、上部采用现场后浇混凝土形成的叠合层组成的板构件，多用于楼板、屋面板，也可用于墙板，简称桁架叠合板或叠合板，如图 4-2 所示。叠合板是通过在工厂预制底板、运送到施工现场、进行底板拼装处理后浇筑叠合层混凝土而形成的装配整体式结构。

叠合楼板是由预制底板和现浇混凝土叠合层组成的装配整体式楼板。预制底板既是楼板结构的组成部分之一，又是现浇混凝土叠合层的永久性模板，叠合层内可敷设水平设备管线。叠合楼板跨度一般为 4～6m，最大跨度可达 9m。

图 4-2 叠合板

叠合楼板与现浇楼板相比施工方便、工期短；相较于全预制楼板，叠合楼板自重小、整体性高、抗震能力好，同时也保留了现浇楼板和全预制楼板的优点。基于叠合楼板整体性高、抗震能力好、刚度大、抗裂性好、可以减少额外的钢筋绑扎量、施工速度快、环保经济、无须铺设模板等优点，叠合楼板在国内外迅速得到推广和运用，在许多实际工程案例中，都采用了叠合楼板的设计。

叠合板生产

叠合板生产工艺流程图如图 4-3 所示。

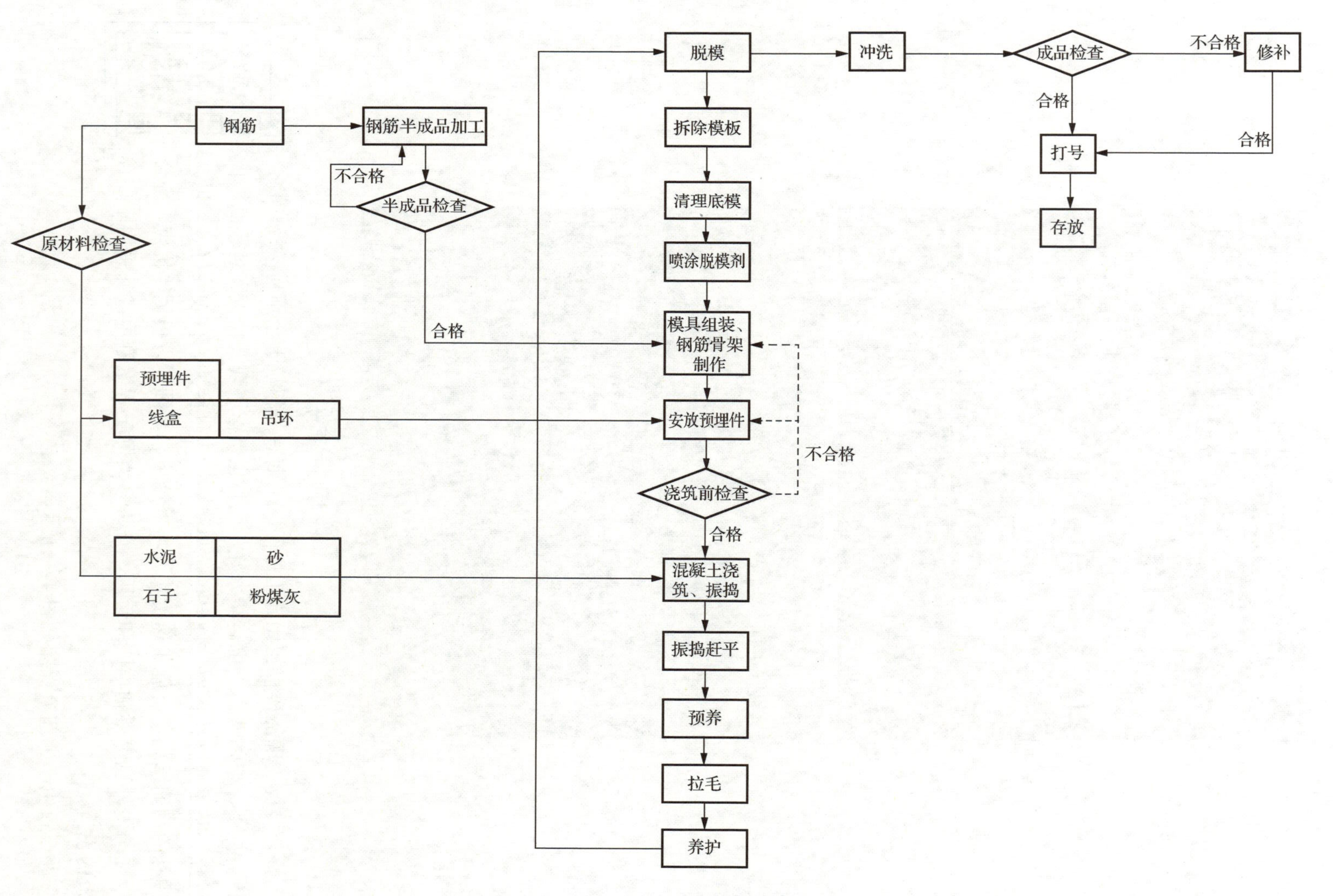

图 4-3 叠合板生产工艺流程图

该工艺采用自动化的自走线生产方式，这种生产方式使工人固定在自己的工作地点，不必跟着模具走，等模具来到本道工序时工人便可施工，大大提高生产效率，每个或几个工人只做一种工作，避免出现以前全能工种的情况，提高工人的作业水平及专业技能。生产线采用整体蒸汽养护室蒸汽养护方式，集中养护，避免热损失，加快蒸汽养护速度，节约成本。

4.1.1 叠合板模具施工

1. 组模

（1）组模前检查上一次生产清模是否到位，如发现模具清理不干净，不得进行组模。

（2）组模时应仔细检查模板是否有损坏、缺件现象，损坏、缺件的模板应及时修理或者更换。

（3）选择正确型号侧模进行拼装，拼装时不许漏放螺栓或各种固定零件。在拼接部位要粘贴密封胶条，密封胶条粘贴要平直、无间断、无褶皱，胶条不应在构件转角处搭接。

（4）各部位螺栓校紧，模具拼接部位不得有间隙，确保模具所有尺寸偏差控制在误差范围以内，如图 4-4 所示。

图 4-4　组模

2. 脱模

（1）在叠合板混凝土强度达到 20MPa 后方可脱模。

（2）起吊之前，检查模具及工装是否拆卸完全，如未拆模完全，不允许起吊。

（3）起吊之前，检查吊具及钢丝绳是否存在安全隐患尤其是吊具要重点检查，如有问题不允许使用，及时上报。

（4）起吊指挥人员要与吊车配合好，保证叠合板平稳、水平起吊，不允许发生磕碰。

（5）起吊后的构件放到指定的构件冲洗区域，下方垫 300mm×300mm 木方，保证叠合板平稳，不允许磕碰。

（6）起吊工具、工装、钢丝绳等使用过后要存放到指定位置，妥善保管。

（7）必须拿到设备物资部出具的吊具、吊耳合格通知单方可使用，如图 4-5 所示。

图 4-5 脱模

3. 拆模

（1）拆卸模板时尽量不要使用重物敲打模具侧模，以免模具损坏或变形。

（2）拆模过程中不允许磕碰构件，要保证构件的完整性。

（3）模具侧模拆卸下来后轻拿轻放，并整齐地放到模具旁边。

（4）拆卸下来的所有工装、螺栓、各种零件等必须放到指定位置，不允许丢失，如螺栓或零件损坏，可以旧换新，超出定额部分丢失、损坏的螺栓、零件由班组自行承担（其中拆卸下来的螺栓清理干净后放到柴油内浸泡备用）。

（5）拆模使用的工具使用后放到工具箱内或工具台上，摆放整齐。用坏的工具须换新，丢失的工具班组自行承担。

（6）保证所有需要拆卸掉的工装完全拆卸掉，如图 4-6 所示。

4. 模具清理

（1）先用钢丝球或刮板将内腔残留混凝土及其他杂物清理干净，使用压缩空气将模具内腔吹干净，以用手擦拭手上无浮灰为准。

（2）所有模具拼接处（侧模和底板接缝）均用刮板清理干净，保证无杂物残留，确保组模时无尺寸偏差，如图 4-7 所示。

图 4-6 拆模

图 4-7 模具清理

（3）侧模基准面的上下边沿必须清理干净，利于抹面时保证厚度要求。

（4）所有工装全部清理干净，无残留混凝土。

（5）所有模具外侧要清理干净。

（6）清理下来的混凝土残灰要及时收集到指定的垃圾桶内。

5. 喷涂脱模剂和涂刷界面剂

（1）喷涂脱模剂。

① 喷涂脱模剂前检查模具清理是否干净。

② 脱模剂必须采用水性脱模剂，且需保证脱模剂干净无污染。

③ 用高压喷枪喷涂脱模剂，均匀喷涂在模具内腔。

④ 喷涂脱模剂后的模具表面不准有明显痕迹。

注意：脱模剂喷涂要均匀，不得有堆积、流淌现象。喷涂脱模剂时严禁污染钢筋及各种预埋件，如图 4-8 所示。

图 4-8　喷涂脱模剂

（2）涂刷界面剂。

① 需涂刷界面剂的模板应在绑扎钢筋笼之前涂刷，严禁把界面剂涂刷到钢筋笼上。

② 界面剂涂刷之前保证模板必须干净，无浮灰。

③ 界面剂涂刷工具为毛刷，严禁使用其他工具。

④ 涂刷界面剂必须涂刷均匀，严禁有流淌、堆积的现象。涂刷完的边模要求涂刷面水平向上放置，20min 后方可拼装。

⑤ 涂刷厚度不少于 2mm，且须涂刷 2 次，2 次涂刷时间的间隔不少于 20min，如图 4-9 所示。

涂刷脱模剂和界面剂后的模具可再用于组模。

图 4-9　涂刷界面剂

4.1.2 叠合板钢筋制作与安装

1. 钢筋剪切

（1）钢筋进厂前必须进行抗拉试验，合格后根据施工图纸进行加工。

（2）剪切成型的钢筋尺寸偏差不得超过±5mm，保证成型钢筋平直，不得有毛茬，如图 4-10 所示。

图 4-10　钢筋剪切

（3）剪切后的半成品料要按照型号整齐地摆放到指定位置。

（4）剪切后的半成品料要进行自检，如超过误差标准严禁放到料架上。如质检员检查到料架上有尺寸误差超过误差允许范围的半成品料要对钢筋班组相关责任人进行处罚。

2. 钢筋骨架制作

钢筋骨架制作应严格按设计图纸要求加工，严禁私自更改，偷工减料。

钢筋骨架制作注意事项包括：①绑扎钢筋骨架前应仔细核对钢筋料尺寸，不合格的钢筋料不准使用；②绑扎钢筋骨架时使用正确的叠合板靠模，钢筋桁架必须平直，保证其高度误差在±3mm 之内，且保证所有外漏钢筋长度误差在±2mm 之内；③所有钢筋连接处必须使用绑丝绑扎，每个绑扎点使用 2 根绑丝，且相邻的两个绑扎点绑扎方向不准相同，吊钩必须绑扎牢固；④制作完成的钢筋骨架严禁私自再次剪切、割断；⑤钢筋骨架应在指定区域绑扎，绑扎的钢筋笼要摆放整齐，保证半成品料在钢筋绑扎区域整齐摆放；⑥不同型号钢筋笼严禁混放，同型号钢筋骨架摆放最多两层，且两层之间需垫木方。

（1）底板构造钢筋安装和绑扎。

根据预制底板尺寸在模具上按照图集规范布置底部构造钢筋，底板构造钢筋分横向、竖向两个方向，叠合板中长度较短的方向为横向，较长的方向为竖向。根据叠合板的构造不同，横向、竖向钢筋的安装方式也不同（图 4-11），横向、竖向钢筋的安装先后顺序应严格按图纸设计的上下位置顺序。

图 4-11 底板构造钢筋安装和绑扎

在工厂实际安装过程中，往往由于叠合板长度过大，垂直交叉的底板构造钢筋中部会弯曲下落，甚至贴近底部模台，如果不进行处理而进行混凝土浇筑，则叠合板底板构造钢筋会部分暴露在混凝土外部，对叠合板外观和质量造成很大影响。对此专门制作了钢筋塑料保护垫（图 4-12），其均匀地分布在钢筋中部，将整体底板配筋垫高约 2cm，避免了钢筋的弯曲和后期暴露问题。

横向、竖向底板构造钢筋安装和绑扎完成后，要在模具上的钢筋穿孔处粘贴密封胶，防止浇筑混凝土时水泥浆从孔隙流出，造成浪费的同时影响混凝土的整体质量。

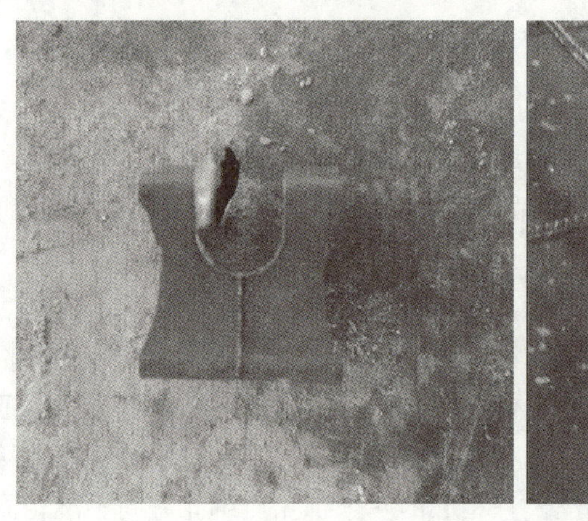

图 4-12 钢筋塑料保护垫

（2）钢筋桁架安装与绑扎。

钢筋桁架是整个叠合板钢筋构造中很重要的部分，在混凝土浇筑完成后，钢筋桁架下半部浇筑在叠合板底板内部，上半部则露在叠合板底板外部，待后期在施工现场进行安装时，作为预制部分和现浇部分的连接带，强化整个叠合板的整体稳定性。

钢筋桁架由上、下弦钢筋和腹杆钢筋通过专用的焊接机器进行焊接，钢筋桁架制作完成后，按照设计要求将钢筋桁架放置在底板构造钢筋上，将下弦钢筋与底板构造钢筋进行绑扎或焊接连接，如图 4-13 所示。

图 4-13 钢筋桁架安装与绑扎

（3）起吊环的安装与固定。

起吊环是指在钢筋绑扎时预先埋入的吊环，以便在预制底板浇筑养护完成后，起吊机运输预制底板时挂钩吊起的装置。由于预制底板自重非常大，如果没有起吊环，直接挂在钢筋桁架外留部分起吊运输，会直接破坏钢筋桁架和整个预制底板，吊环的高度略高于桁架钢筋。

吊环的形状似 U 形，安装时用 4 根钢筋搭接和绑扎，U 形环两端各分布 2 根固定钢筋，钢筋的长度为底板构造钢筋间距的 2 倍左右，然后将钢筋与底板分布筋、钢筋与 U 形环分别绑扎，这样的处理可以使起吊环与钢筋搭接牢固，在浇筑振捣混凝土时不易松动。一般每个预制底板上设置 4 个起吊环，对称分布，如图 4-14 所示。

图 4-14 起吊环的安装与固定

（4）模具与钢筋的固定。

在布置好预制底板所有配筋工作后，为了防止在混凝土浇筑和振捣过程中，钢筋和模具发生移位现象，首先需要在有钢筋露出侧设置 1 根长度适宜方向垂直的钢筋，然后将露出部分与其在搭接部位绑扎。然后在整个模具上部布置 2～4 根（视距离和大小而定）固定钢筋，钢筋套入模具的固定叶片凹槽中，用螺栓将其连接。

叠合板的构造与配筋

经过上述 4 步，预制模具中的钢筋就全部设置完成，然后对照图纸中的钢筋分布图和详细尺寸，检查无误后即可进行下一步骤，如图 4-15 所示。

图 4-15　安装完成后的钢筋

知识链接

钢筋桁架

钢筋桁架由上、下弦钢筋和腹杆钢筋焊接组成，制作工艺简单，受力性能好。钢筋桁架在工厂预制加工，通过腹杆钢筋焊接上、下弦钢筋，一般情况下上、下弦钢筋规格相同作为受力钢筋使用，腹杆钢筋的强度低于上、下弦钢筋一个级别；有些叠合板会将钢筋桁架与压型钢板焊接在一起，形成底部钢筋桁架构造。钢筋桁架具体构造如图 4-16 所示。

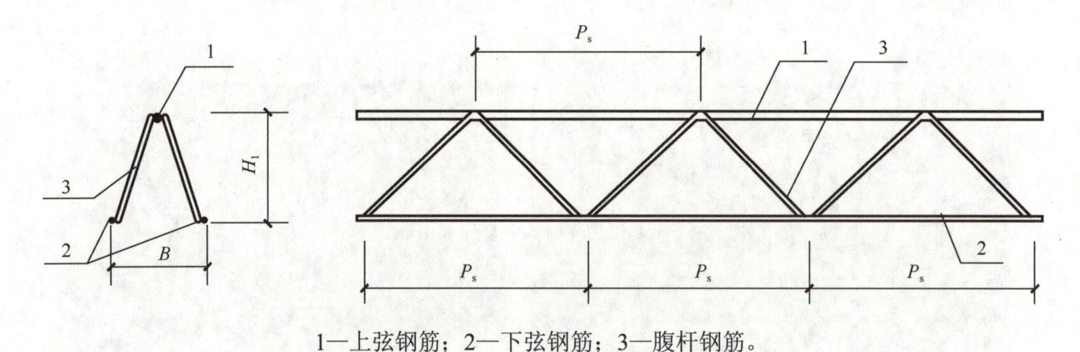

1—上弦钢筋；2—下弦钢筋；3—腹杆钢筋。

图 4-16　钢筋桁架具体构造

（1）钢筋桁架的设计高度 H_1 不宜小于 70mm，不宜大于 400mm，且宜以 10mm 为模数。

（2）钢筋桁架的设计宽度 B 不宜小于 60mm，不宜大于 110mm，且宜以 10mm 为模数。

（3）腹杆钢筋与上、下弦钢筋相邻焊点的中心间距 P_s 宜取 200mm，且不宜大于 200mm。

钢筋桁架的布置按照以下原则进行。

（1）钢筋桁架宜沿桁架预制底板的长边方向布置。

（2）钢筋桁架上弦钢筋至桁架预制底板板边的水平距离不宜大于 300mm。相邻钢筋桁架上弦钢筋的间距不宜大于 600mm，如图 4-17 所示。

（3）钢筋桁架下弦钢筋下表面至预制底板上表面的距离不应小于 35mm。钢筋桁架上弦钢筋上表面至预制底板上表面的距离不应小于 35mm，如图 4-18 所示。钢筋桁架加工如图 4-19 所示。

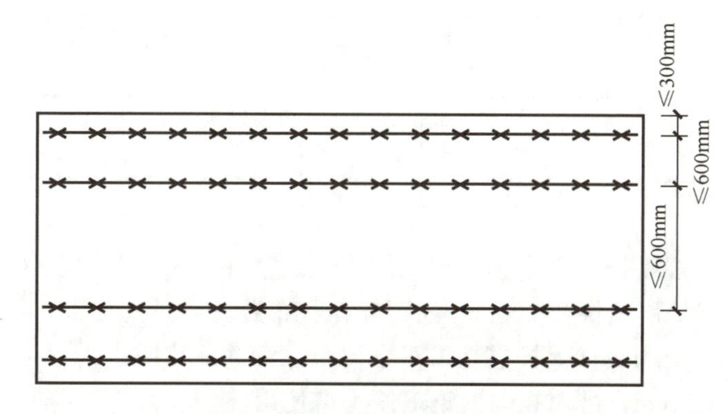

图 4-17　钢筋桁架边距与间距示意

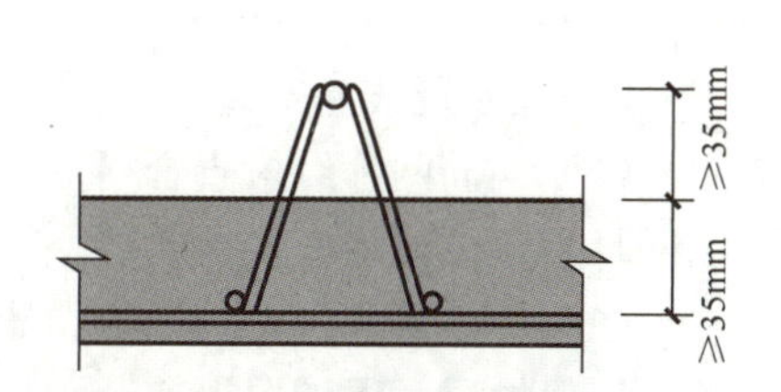

图 4-18　钢筋桁架埋深示意

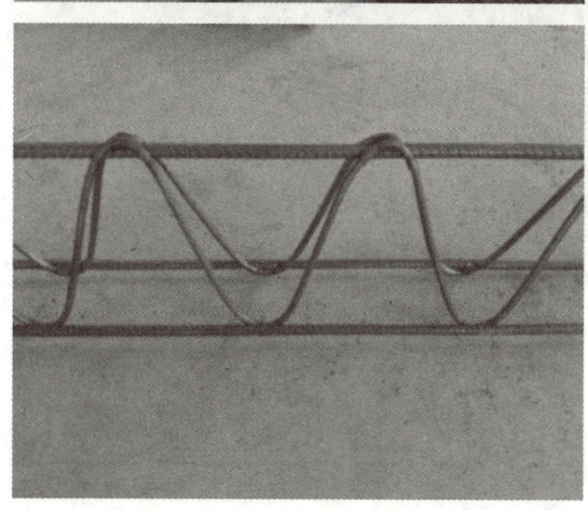

图 4-19　钢筋桁架加工

钢筋桁架的尺寸偏差和检验方法应符合表 4-1 的规定。

表 4-1　钢筋桁架的尺寸偏差和检验方法

项次	检验项目	允许偏差/mm	检验方法
1	长度	总长度的±0.3%，且不超过±20	用钢尺或带数字显示的卷尺量上弦钢筋长度
2	设计宽度	±7	用钢尺或带数字显示的卷尺量钢筋桁架两端，取平均值
3	设计高度	+1，−3	用钢尺或带数字显示的卷尺量钢筋桁架两端，取平均值
4	相邻焊点中心距	±3	用钢尺或带数字显示的卷尺量上弦钢筋连续 5 个中心距，取平均值

3. 入笼及线盒安装

（1）钢筋网片经检查合格后，按规格把钢筋桁架吊放入模具并调整好位置，然后在钢筋网片指定位置垫好保护层垫块，保护层垫块按 500mm 间距梅花状布置。

（2）钢筋笼放入模具后要检查四周和底部保护层是否符合要求，钢筋网片四边采用飞轮保证保护层，保护层误差范围为±3mm，严重扭曲的钢筋笼不得使用。

（3）预埋的线盒需选择正确的型号，接管处必须用胶带固定牢固及防止进浆，安装好后用工装将线盒固定，避免出现歪斜现象，如图 4-20 所示。

图 4-20　线盒

4.1.3　叠合板预制底板混凝土施工

1. 混凝土配制和浇筑

（1）材料进场，进行粗骨料、细骨料和水泥的规格和质量检测。

① 粗骨料：粒径＞5mm，起骨架作用，有足够的强度，表面清洁，含有害成分少，骨料以碎石为优。

② 细骨料：粒径 0.16～5mm，天然砂有河砂、海砂、山砂之分，以洁净的河砂为优，粗细程度为中砂。

③ 水泥：根据工程环境和特点，选择适宜的水泥品种，然后进行细度、标准稠度用水量、凝结时间、体积安定性、抗压抗折强度等技术性质的检查。

（2）按照设计要求进行混凝土配合比设计，检查混凝土和易性、抗压强度等技术性质。

（3）进行混凝土搅拌、浇筑、振捣、抹平等工序。

① 浇筑前检查混凝土坍落度是否符合要求，过大或过小不允许使用，且要料时不准超过理论用量的 2%。

② 浇筑时应连续进行并均匀摊铺，倾落高度不宜大于 500mm。

③ 浇筑时尽量避开桁架处及线盒处，避免污染桁架上弦钢筋及碰到线盒发生位移现象。

④ 浇筑时控制混凝土厚度，在达到设计要求时停止下料。

⑤ 无特殊情况时必须采用振动台进行整体振捣。如有特殊情况（如坍落度过小、局部堆积过高等）时可以采用振动棒振捣，振捣至混凝土表面无明显气泡溢出，保证混凝土表面水平，无凸出石子。

⑥ 模具底板需定期检查，确保底板各部位固定牢固，且保持水平。浇筑时尽量避免浇到模具内腔以外，如出现该情况应及时清理。有洒落到地上的混凝土也要及时清理，浇筑后剩余的混凝土要放到指定料斗里，严禁随地乱放，如图 4-21 所示。

图 4-21　浇筑及振捣

2. 混凝土抹面及拉毛处理

（1）抹面次数应不少于两次，主要工序如下。

① 用塑料抹子粗抹，做到表面基本平整，无外漏石子，外表面无凹凸现象，四周侧板的上沿（基准面）要清理干净，避免边沿超厚或有毛边。此步完成之后需静停不少于 30min 再进行下次抹面。

② 使用铁抹子找平，特别注意线盒四周的平整度，边沿的混凝土如果高出模具上沿要及时压平，保证边沿不超厚并无毛边，此道工序需将表面平整度控制在3mm以内，此步完成需静停1h。

③ 待混凝土达到初凝状态时进行表面拉毛工作，拉毛工作要求平直、均匀、深度一致，保证预制板的粗糙面凹凸深度不应小于4mm，粗糙面面积不宜小于结合面的80%，如图4-22所示。

图4-22　混凝土拉毛

（2）注意事项。

① 抹子及刮杠等工具，使用过程中及使用后要保证清理干净。

② 对抹面过程中产生的残留混凝土要及时清理干净并放入指定的垃圾桶内。

③ 严禁抹面时在混凝土表面洒水。

3. 蒸汽养护

抹面之后、蒸汽养护之前叠合板需静停，静停时间以用手按压无压痕为标准。此时自走线生产方式会自动将叠合板放入整体蒸汽养护室内，如图4-23所示。测温人员要随时检测蒸汽养护室内的温度情况，及时作出调整并做好记录。

图4-23　整体蒸汽养护室

4.1.4 叠合板生产质量验收及堆放

1. 叠合板检验及处理方法

叠合板的外观质量、结构性能要符合预制构件质量验收标准，不应出现严重的外观缺陷。具体方法为将拆模后的叠合板平放到冲洗区进行检验。

根据检验结果应做如下处理。

（1）检验完全合格的叠合板，可经过冲洗并打上标识后堆放，如图 4-24 所示。

图 4-24　叠合板标识

（2）对有严重缺陷的叠合板（如出现贯穿性裂纹）做报废处理。

（3）对于外观有气泡、表现龟裂或不影响结构的裂纹、轻微漏振等现象，可冲洗干净表面浮灰后进行修补（图 4-25）。修补处要保证与周边平整度、颜色一致，棱角分明。

图 4-25　冲洗

（4）对于平整度超差或外形尺寸超差及边角毛边处要进行打磨处理，保证平整度、厚度、长宽等偏差在允许范围内。要求打磨处平整光洁、棱角处无毛边。

2. 堆放

根据工厂指定的叠合板堆放范围，标明警示标识，构件的堆场应按区域堆放，尽量设置在龙门吊工作范围之内，最大限度地缩小场地内运输量，尽可能避免二次搬运，并考虑运输和装卸的方便。

叠合板应水平堆放，将同一楼层叠合板堆放置一个区域，方便运输。码垛层数最多不宜超过 6 层，高度不宜超过 1.5m。堆放时应按照由大到小的原则进行堆放。垫木应放置在吊点处，上下层垫木必须放置在一条竖线上，如图 4-26 所示。

图 4-26　叠合板堆放

4.1.5 叠合板生产质量验收标准

叠合板生产质量验收包括下列内容：①规格尺寸；②外形；③预埋件；④预留孔、洞；⑤预留插筋；⑥钢筋桁架高度。

叠合板预制底板的尺寸允许偏差和检验方法应符合设计文件的规定；当设计无具体规定时，应符合表 4-2 的规定。

表 4-2　叠合板预制底板的尺寸允许偏差和检验方法

<table>
<tr><th>项次</th><th colspan="3">检验项目</th><th>允许偏差/mm</th><th>检验方法</th></tr>
<tr><td rowspan="2">1</td><td rowspan="5">规格尺寸</td><td rowspan="2">长度</td><td>≤6m</td><td>±3</td><td rowspan="2">用钢尺或带数字显示的卷尺量两侧边长度，取其中偏差绝对值较大值；或用挡板和激光测距仪量两侧边长度，取其中偏差绝对值较大值</td></tr>
<tr><td>＞6m</td><td>±5</td></tr>
<tr><td>2</td><td colspan="2">宽度</td><td>±5</td><td>用钢尺或带数字显示的卷尺量两端，取其中偏差绝对值较大值；或用挡板和激光测距仪量两端，取其中偏差绝对值较大值</td></tr>
<tr><td>3</td><td colspan="2">厚度</td><td>±5</td><td>用钢尺或带数字显示的卷尺、卡尺量四角位置，取其中偏差绝对值较大值；或用挡板和激光测距仪量四角位置，取其中偏差绝对值较大值</td></tr>
<tr><td>4</td><td colspan="2">对角线差</td><td>6</td><td>用钢尺或带数字显示的卷尺量两对角线，计算差值；或用挡板和激光测距仪量两对角线，计算差值</td></tr>
<tr><td>5</td><td rowspan="3">外形</td><td colspan="2">下表面平整度</td><td>3</td><td>用 2m 靠尺和塞尺量；或用 2m 靠尺和带数字显示的塞尺量</td></tr>
<tr><td>6</td><td colspan="2">侧向弯曲</td><td>L/750 且≤20</td><td>拉线，用钢尺或带数字显示的卷尺量侧向弯曲最大处</td></tr>
<tr><td>7</td><td colspan="2">翘曲</td><td>L/750</td><td>对角拉线，用钢尺或带数字显示的卷尺量拉线交点间距离，其值的 2 倍为翘曲值</td></tr>
<tr><td rowspan="2">8</td><td rowspan="6">预埋件</td><td rowspan="2">预埋钢板</td><td>中心线位置</td><td>5</td><td>用钢尺或带数字显示的卷尺量纵横两个方向的中心线位置，取其中偏差较大值</td></tr>
<tr><td>平面高差</td><td>0，−5</td><td>用钢尺紧靠在预埋件上，用塞尺或带数字显示的塞尺量预埋件平面与混凝土面的最大缝隙</td></tr>
<tr><td rowspan="2">9</td><td rowspan="2">预埋螺栓</td><td>中心线位置</td><td>2</td><td>用钢尺或带数字显示的卷尺量纵横两个方向的中心线位置，取其中偏差较大值</td></tr>
<tr><td>外露长度</td><td>+10，−5</td><td>用钢尺或带数字显示的卷尺、卡尺量</td></tr>
<tr><td rowspan="2">10</td><td rowspan="2">预埋线盒、电盒</td><td>在构件平面的水平方向中心线位置</td><td>10</td><td>用钢尺或带数字显示的卷尺量</td></tr>
<tr><td>与构件表面混凝土高差</td><td>0，−5</td><td>用钢尺或带数字显示的卷尺量</td></tr>
<tr><td rowspan="2">11</td><td rowspan="2">预留孔</td><td colspan="2">中心线位置</td><td>5</td><td>用钢尺或带数字显示的卷尺量纵横两个方向的中心线位置，取其中偏差较大值</td></tr>
<tr><td colspan="2">孔尺寸</td><td>±5</td><td>用钢尺或带数字显示的卷尺、卡尺量纵横两个方向尺寸，取其中偏差较大值</td></tr>
<tr><td rowspan="2">12</td><td rowspan="2">预留洞</td><td colspan="2">中心线位置</td><td>5</td><td>用钢尺或带数字显示的卷尺量纵横两个方向的中心线位置，取其中偏差较大值</td></tr>
<tr><td colspan="2">洞口尺寸、深度</td><td>±5</td><td>用钢尺或带数字显示的卷尺、卡尺量纵横两个方向尺寸，取其中偏差较大值</td></tr>
<tr><td rowspan="2">13</td><td rowspan="2">预留插筋</td><td colspan="2">中心线位置</td><td>3</td><td>用钢尺或带数字显示的卷尺量纵横两个方向的中心线位置，取其中偏差较大值</td></tr>
<tr><td colspan="2">外露长度</td><td>±5</td><td>用钢尺或带数字显示的卷尺、卡尺量</td></tr>
<tr><td>14</td><td colspan="3">钢筋桁架高度</td><td>+5，0</td><td>用钢尺或带数字显示的卷尺、卡尺量</td></tr>
</table>

注：L 为叠合板预制底板长边边长。

叠合板预制底板出厂前应进行质量检验，并形成质量证明文件。质量检验内容应包括外观质量、尺寸偏差和混凝土强度。混凝土强度应符合设计文件及现行国家标准《混凝土结构设计规范（2015 年版）》的有关规定。

叠合板预制底板的质量证明文件应包括下列内容：①出厂合格证；②钢筋和钢筋桁架检验报告；③混凝土强度检验报告；④合同要求的其他质量证明文件。

任务 4.2　叠合板施工与验收

4.2.1　叠合板安装与连接

1．叠合板安装

叠合板安装施工工艺流程为：叠合板安装准备→测量放线→安装板底支撑→预制底板吊装→预制底板校正→叠合层水电管线敷设→叠合层钢筋绑扎→叠合层混凝土浇筑。

叠合板安装施工

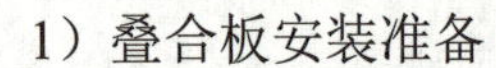

1）叠合板安装准备

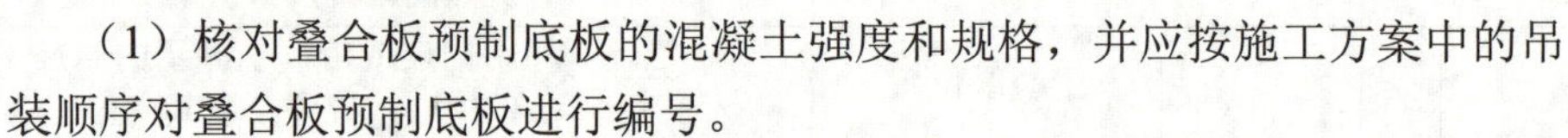

（1）核对叠合板预制底板的混凝土强度和规格，并应按施工方案中的吊装顺序对叠合板预制底板进行编号。

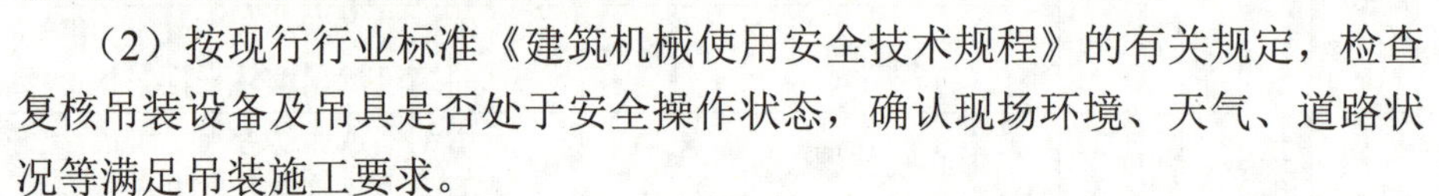

（2）按现行行业标准《建筑机械使用安全技术规程》的有关规定，检查复核吊装设备及吊具是否处于安全操作状态，确认现场环境、天气、道路状况等满足吊装施工要求。

（3）吊装作业区应实施隔离封闭管理，并应设置警戒线和警戒标识；对无法隔离封闭的，应采取专项防护措施。

2）测量放线

在安装好的预制梁、柱面顶部弹出叠合板安装位置线，并做明显标记，以控制叠合板安装标高和平面位置。楼层纵、横控制线和标高控制点应由底层的原始点向上引测，并应根据楼层纵、横控制线和标高控制点放出叠合板预制底板控制线。应根据叠合板预制底板编号对搁置位置进行编号。测量放线应符合现行国家标准《工程测量标准》的有关规定。

3）安装板底支撑

叠合板安装前，根据施工方案要求在叠合板底部设置工具式竖向独立支撑，并调整支架标高与两侧叠合梁预留标高一致。在结构标准层施工中，应连续两层设置支架，待一层叠合板上层结构混凝土施工完成后，现浇混凝土强度≥75%设计强度时，方可拆除下层支架。

叠合板板底支撑安装应按设计图纸要求进行布置，与框架叠合梁施工穿插进行，尽可能减少施工工期。

板底支撑具体安装方法：根据放出的工具式竖向独立支撑位置线依次搭设板底支撑，并调整支撑高度到预定标高。当叠合板与边支座的搭接长度≥40mm 时，叠合板边支座附近 1.2m 内无须设置支撑；当叠合板与边支座的搭接长度＜35mm 时，需在叠合板边支座附近 200～500mm 范围内设置一道支撑体系。支撑体系必须有足够的强度和刚度，支撑体系的水平高度必须达到精准的要求，以保证楼板浇筑成型后底面平整。跨度大于 4m 时中间的位置要适当起拱。根据放出的叠合板标高线，在独立支撑上放置铝合金梁，再次复核独立支撑标高，保证铝合金梁上表面标高准确，如图 4-27 所示。

图 4-27　板底支撑安装示意

4）预制底板吊装

（1）叠合板预制底板起吊时，应尽可能减小预制底板因自重产生的弯矩，采用专门吊架吊装，使吊点均匀受力，保证构件平稳吊装。吊点位置为钢筋桁架上弦钢筋与腹杆钢筋交接处，距离板端为整个板长的 1/5～1/4 之间。吊装锁链采用专用锁链和 4 个闭合吊钩，平均分担受力，多点均衡起吊，单个锁链长度为 4m，如图 4-28 所示。

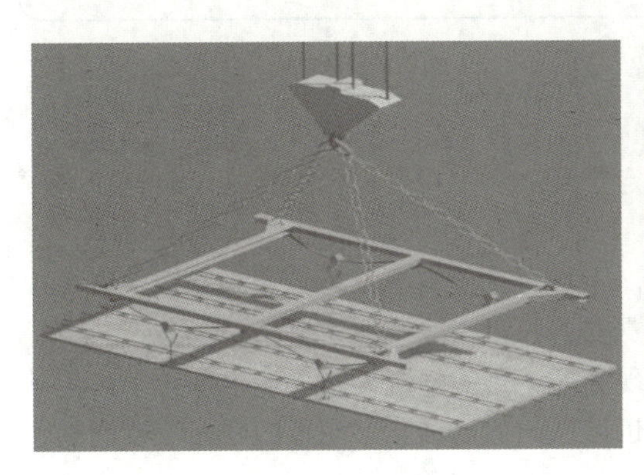

图 4-28　预制底板吊装

（2）起吊前先进行试吊装，先吊起距地面 500mm 停止，检查钢丝绳、吊钩的受力情况，使预制底板保持水平，然后吊装至作业层上空。

（3）预制底板就位后要从上往下垂直安装，在作业层上空 200mm 处略停顿，施工人员手扶板调整方向，将板的边线与墙（梁）上的安放位置线对准，注意避免预制底板上的预留钢筋与梁、柱钢筋碰撞，放下时应停稳慢放，严禁快速猛放，以避免冲击力过大造成板面断裂。5 级风以上时应停止吊装。

特别提示

叠合板预制底板吊装时可以将钢筋桁架兼作吊点，并应符合以下规定。

（1）吊点应选择在上弦钢筋焊点所在位置，焊点不应脱焊；吊点位置应设置明显标识。

（2）起吊时，吊钩应穿过上弦钢筋和两侧腹杆钢筋，吊索与预制底板水平夹角不应小于60°。

（3）当钢筋桁架下弦钢筋位于板内纵向钢筋上方时，应在吊点位置钢筋桁架下弦钢筋上方设置至少2根附加钢筋，附加钢筋直径不宜小于8mm，在吊点两侧的长度不宜小于150mm，如图4-29所示。

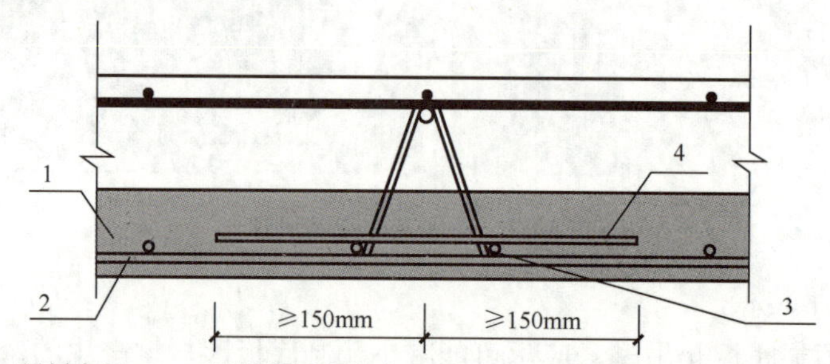

1—预制底板；2—预制底板内纵向钢筋；3—下弦钢筋；4—附加钢筋。

图4-29　吊点处附加钢筋

（4）起吊时同条件养护的混凝土立方体试块抗压强度不应低于20MPa。

5）预制底板校正

叠合板预制底板吊装就位后，应对安装位置、安装标高、相邻构件平整度、高低差、接缝宽度等进行校核和调整，并应采取临时固定措施；当不符合设计文件规定时，应将预制底板重新起吊，并通过可调节托座进行调节。

预制底板位置调整时，应在板下垫小木块，不得直接使用撬杠撬动预制底板，以免损坏板边角。应保证预制底板搁置长度符合设计要求，其允许偏差不大于5mm。

预制底板铺设完毕后，板的下边缘不应出现高低不平的情况，也不应出现空隙，无法避免的支座处出现的空隙要做封堵处理，支撑也可以做适当调整，使板的底面保持平整、无缝隙。

6）叠合层水电管线敷设

（1）在叠合板预制底板顶部放出水电管线位置线，敷设水电管线并对管线端头做好保护。

（2）敷设水电管线时，应严格控制管线叠加处标高，严禁高出叠合层板顶标高，如图4-30所示。

7）叠合层钢筋绑扎

叠合层钢筋绑扎前应清理叠合板上部杂物，根据钢筋间距弹线，进行附加筋的绑扎及板面筋绑扎。

图 4-30 水电管线敷设

叠合层钢筋应置于钢筋桁架上弦钢筋上，与桁架绑扎固定，以防止偏移和混凝土浇筑时上浮。对已铺设好的钢筋、模板进行保护，禁止在底模上行走或踩踏，禁止随意扳动、切断钢筋桁架。钢筋弯钩朝向应严格控制，不得平躺，如图 4-31 所示。

图 4-31 叠合层钢筋绑扎

叠合层混凝土浇筑前，应按相关规范对叠合板预制底板安装及现场钢筋绑扎等项目进行检查验收。

8）叠合层混凝土浇筑

（1）浇筑叠合层混凝土前，预制底板表面必须清扫干净，并浇水充分湿润，但不能积水，这是保证其与叠合层成为整体的关键。

（2）混凝土坍落度应控制在 160～180mm，混凝土浇筑应从墙板开始，分层浇筑，每层浇筑高度不大于 800mm，间隔时间一般不小于 1h。

（3）叠合层混凝土振捣可使用平板振动器，保证振捣密实。

（4）叠合层混凝土收光时，工人应穿收光鞋，用木刮杠在水平线上将混凝土表面刮平，随即用木抹子搓平。

（5）叠合层混凝土浇筑完成后采用浇水养护，应保持养护不少于 7d。

2. 叠合板连接

叠合板预制底板之间采用后浇带式整体接缝连接，后浇带宽度不宜小于200mm，并应符合以下规定。

（1）后浇带两侧板底纵向受力钢筋可在后浇带中焊接或搭接连接。

（2）后浇带两侧板底纵向受力钢筋在后浇带中焊接连接时，应符合现行行业标准《钢筋焊接及验收规程》的有关规定。

（3）后浇带两侧板底纵向受力钢筋在后浇带中搭接连接时（图4-32），应符合下列规定。

① 接缝处板底外伸钢筋的锚固长度 l_a、搭接长度 l_l 和端部弯钩构造应符合现行国家标准《混凝土结构设计规范（2015年版）》的有关规定。

② 板底外伸钢筋可为直线形[图4-32（a）]，也可采用端部带90°或135°弯钩的锚固形式[图4-32（b）、（c）]；当外伸钢筋端部带弯钩时，接缝处的直线段钢筋搭接长度可取为钢筋的锚固长度 l_a，且在确定 l_a 时，锚固长度修正系数不应小于1.0。

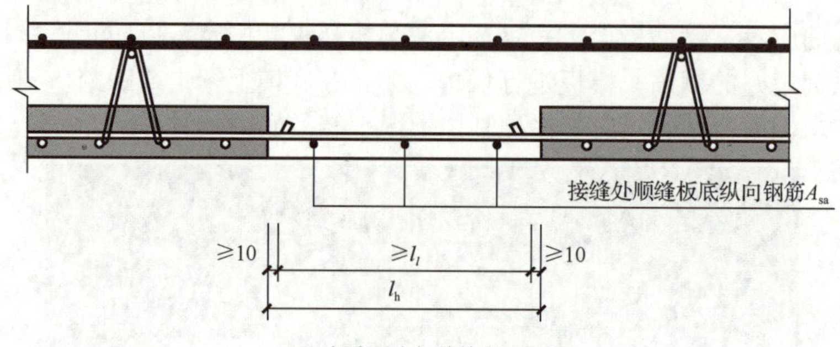

（a）板底纵向钢筋筋直线搭接

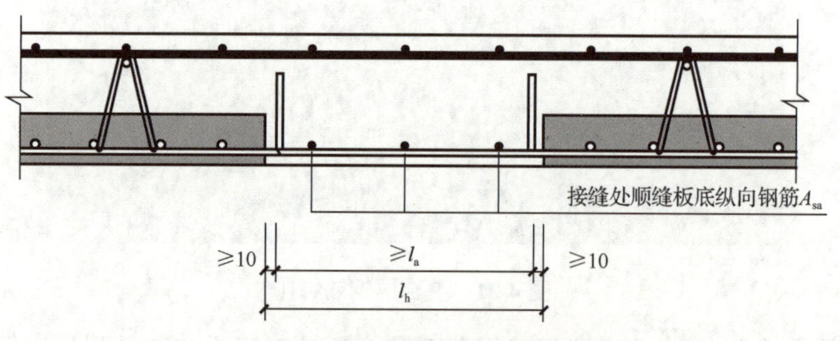

（b）板底纵向钢筋筋端部带90°弯钩搭接

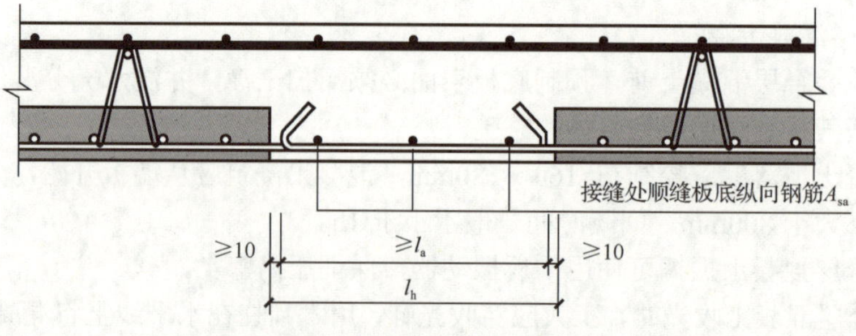

（c）板底纵向钢筋端部带135°弯钩搭接

图4-32 双向桁架叠合板后浇带接缝构造示意

③ 设计后浇带宽度 l_h 时，应计入钢筋下料长度、构件安装位置等施工偏差的影响，每侧预留的施工偏差不应小于 10mm。

④ 接缝处顺缝板底纵向钢筋 A_{sa} 的配筋率不应小于板缝两侧预制板板底配筋率的较大值。

4.2.2 叠合板施工现场管理

1. 安全管理

（1）工人必须经过安全教育后方可上岗，提前做好质量事故的预防工作。

（2）坚持每天召开班前、班后会，班前会安排工作时强调安全注意事项，班后会主要对当日工作存在安全问题进行总结。

（3）每周至少开展一次安全教育培训活动，提高班组人员安全技能和安全意识。

2. 材料堆放管理

（1）进场材料严格按场布图指定位置进行规范堆放，杜绝乱堆、乱放、混放。杜绝材料堆靠在围墙、广告牌后，以防压力造成围墙、广告牌倒塌等意外事故的发生。

（2）不允许材料堆放过高，防止倒塌、下落伤人。

（3）现场材料员认真做好材料进场的验收工作，并做好记录。

3. 消防管理

（1）施工现场建立健全消防防火责任制和管理制度，并成立领导小组，配备足够、合适的消防器材及义务消防岗位。

（2）施工现场有消防平面布置图。

（3）建筑物每层配备消防设施，配备足够的灭火器，放置位置正确，固定可靠。

4. 环境保护措施

（1）建立健全环境管理体系，建立环境保护、环境卫生管理和检查制度，并应做好检查记录。

（2）严格控制施工噪声，减少人为施工噪声。确需夜间施工的，应办理夜间施工许可证明，并对外公示。

（3）道路硬化处理，土方应集中堆放。施工现场土方作业应采取防止扬尘措施。

（4）施工垃圾清运采取搭设封闭式专用垃圾道运输，或采用容器或袋装吊运，严禁凌空抛撒。施工垃圾应及时清运，并适量洒水，减少污染。

（5）施工现场内严禁焚烧各类废弃物。

4.2.3 叠合板安装质量验收

1. 验收规定

（1）叠合板施工的分项工程、检验批划分和质量验收，应符合现行国家标准《混凝土结构工程施工质量验收规范》的有关规定。

（2）叠合板用的预制底板、原材料、配件，应按检验批进行进场验收。

（3）叠合板混凝土浇筑前，应进行隐蔽工程验收，验收应包括以下内容。

① 预制底板粗糙面的质量。

② 板面钢筋、附加钢筋的牌号、规格、数量、位置、间距。

③ 预埋件、预埋管线的规格、数量、位置。

④ 预制底板接缝处的构造做法。

⑤ 其他隐蔽项目。

（4）混凝土结构子分部工程施工质量验收时，应提供下列文件和记录。

① 工程设计文件、预制底板安装施工图和加工详图。

② 预制底板、主要材料及配件的质量证明文件、进场验收记录和抽样复验报告。

③ 预制底板吊装施工记录。

④ 隐蔽工程验收文件。

⑤ 后浇混凝土强度检测报告。

⑥ 装配式结构分项工程质量验收文件。

⑦ 其他相关文件和记录。

2. 主控项目

（1）安装的临时支撑架体应符合设计文件、施工方案及现行国家标准《混凝土结构工程施工规范》的有关规定。

检查数量：全数检查。

检验方法：观察；检查施工方案、施工记录或设计文件。

（2）板面钢筋、附加钢筋的牌号、规格、数量应符合设计文件的规定。

检查数量：全数检查。

检验方法：观察，尺量。

（3）叠合板后浇混凝土强度应符合设计文件的规定。

检查数量：按批检查。

检验方法：检查混凝土强度试验报告。

（4）叠合板的外观质量不应有严重缺陷，且不应有影响结构性能或安装、使用功能的尺寸偏差。

检查数量：全数检查。

检验方法：观察，尺量。

3. 一般项目

（1）叠合板的粗糙面质量应符合设计文件的规定。

检查数量：全数检查。

检验方法：观察或量测。

（2）预埋件、预留插筋、预留孔洞等的规格、数量、位置应符合设计文件的规定。

检查数量：全数检查。

检验方法：观察，尺量；检查产品合格证。

（3）叠合板预制底板安装的允许偏差和检验方法应符合设计文件的规定；当设计无具体规定时，应符合表 4-3 的规定。

表 4-3　叠合板预制底板安装的允许偏差和检验方法

序号	项目	允许偏差/mm	检验方法
1	预制板搁置长度	±10	用钢尺或带数字显示的卷尺量
2	预制底板板底标高	±5	用水准仪或拉线、钢尺量；或用带数字显示的卷尺量
3	预制底板中心线对轴线位置	5	用经纬仪及钢尺量；或用带数字显示的卷尺量
4	相邻预制底板板底平整度	3	用 2m 靠尺和塞尺量；或用 2m 靠尺和带数字显示的塞尺量

检查数量：按楼层、结构缝或施工段划分检验批。同一检验批内，应按有代表性的自然间抽查 10%，且不少于 3 间；对大空间结构，可按纵、横轴线划分检查面，抽查 10%，且不少于 3 面。

检验方法：见表 4-3。

（5）叠合板预制底板厚度的偏差应符合设计文件的规定；当设计无具体规定时，厚度的允许偏差应为±5mm。

检查数量：按楼层、结构缝或施工段划分检验批。同一检验批内，应按有代表性的自然间抽查 10%，且不少于 3 间；对大空间结构，可按纵、横轴线划分检查面，抽查 10%，且不少于 3 面。

检验方法：尺量。

应用案例

珠海纳思达碧桂园海纳苑项目

珠海纳思达碧桂园海纳苑项目（图 4-33），大量采用装配式施工工艺，整体装配率高达 50%。海纳苑项目使用比较多的预制混凝土构件是叠合楼板。与传统整体现浇楼板相比，叠合楼板能在很大程度上消除开裂及渗漏隐患，将原先需要在现场完成的模板拼装与钢筋绑扎等工作在工厂集中完成，有效实现提高质量、提高效率、减少人工、节能减排的“两提两减”目标。

图 4-33　海纳苑项目

在过去，主体建设过程中时常发生群死群伤事故，其中大部分都是支模架垮塌的缘故。

究其根源，是因为工人在搭建模板支撑体系的时候不仔细，没有完全按照规定做，后期在浇筑混凝土的时候，荷载上升得快，一旦有局部比较薄弱的地方，就容易发生垮塌，作业工人就非常危险。如果用叠合楼板，在出厂前楼板已经达到设计强度，只需要使用成套搭配的材料进行支撑，便可以规避很多安全风险，如图 4-34 所示

图 4-34　叠合楼板施工现场

在大量使用叠合楼板之后，该部分工种现场作业工人就可减少 30%～40%。除了叠合楼板，海纳苑项目还使用了预制非承重外墙板与预制楼梯等构件，并运用了碧桂园自主研发的建筑清扫机器人、智能随动式布料机、螺杆洞封堵机器人、地面整平机器人等新型建筑机器人（图 4-35）。这些机器人取代了很多粉尘多的作业工种，对工人起到了保护作用，也从根本上减少了房子空鼓、开裂、漏水等建筑行业的弊病，为业主提供高质量的建筑品质居所。

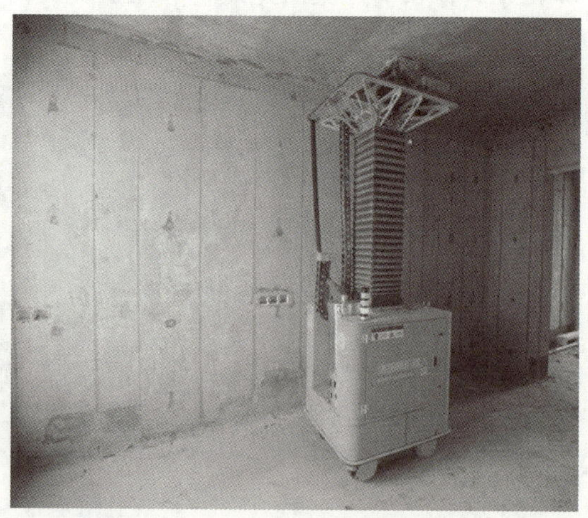

图 4-35　建筑机器人

项 目 小 节

通过本项目学习，需掌握以下内容。

（1）叠合板的生产工艺。

（2）叠合板的尺寸允许偏差和检验方法。

（3）叠合板安装施工工艺与连接构造。

（4）叠合板施工现场管理。

（5）叠合板安装质量验收。

根据本项目所学内容和涉及相关规范，完成以下习题。

一、单选题

1．底板编号 DBD67-3324-2 表示单向受力叠合板用底板，该叠合板的现浇板的厚度为（　　）mm。

A．60　　B．70　　C．67　　D．32

2．叠合板施工图主要由板模板图、板配筋图、底板参数表、（　　）组成。

A．叠合板平面布置图　　B．底板配筋表

C．预埋件配件图　　D．叠合板吊装图

3．混凝土叠合板在进行深化设计时，当发现线盒与钢筋桁架出现干涉的时候，应该如何处理？（　　）

A．切断钢筋　　B．避让线盒　　C．避让钢筋　　D．穿过线盒

4．以下关于叠合板编号的叙述中，错误的是（　　）。

A．所有叠合板板块应逐一编号

B．相同编号板块可选择一块做集中标注，其他仅注写板编号

C．板标高不同时，不需要标注标高高差

D．叠合板编号由叠合板代号和序号组成

5．预制底板表内容包括（　　）：①叠合板编号及其预制底板编号；②预制底板板面标高；③构件详图页码；④构件预埋件位置；⑤预制底板配筋表；⑥所在楼层。

A．①②③④　　B．①③⑤⑥　　C．①③④⑥　　D．①③④⑤

6．关于编号为 DBD67-3324-2 的叠合板，以下叙述中错误的是（　　）。

A．该叠合板为单向板　　B．预制底板厚度为 60mm

C．标志跨度为 6700mm　　D．预制底板的钢筋代号为 2

7. 叠合板模具当选用角钢作为边模时，侧模上需设加强肋板，其间距长度为（　　）。

A. 200～400mm　B. 300～500mm　C. 400～500mm　D. 400～600mm

8. 叠合楼板、双面叠合剪力墙板可以实现高度自动化，最适合（　　）。

A. 流水线生产　B. 长线法生产　C. 固定模台生产　D. 短线法生产

9. 对于叠合板来说，浇筑完混凝土后，应在（　　）时期对混凝土表面做粗糙面。

A. 刚浇筑完混凝土　B. 混凝土初凝前

C. 混凝土初凝后　D. 混凝土终凝后

10.（　　）主要用于混凝土浇筑完毕并刮平后，在其达到初凝时，在刮平的叠合板构件表面拉出相应的纹路。

A. 叠合板拉毛机　B. 叠合板压光机

C. 叠合板刻槽机　D. 叠合板水洗机

11. 混凝土堵浆条可减少在混凝土的浇筑及振捣过程中，出现的漏浆现象，减轻后期的混凝土漏浆清理工作量，按其使用的构件类型主要有叠合板堵浆条和（　　）堵浆条等。

A. 预制柱　B. 预制梁　C. 预制楼梯板　D. 预制内墙板

12. 预制混凝土构件的堆放高度，应考虑构件的自重以及构件的刚度和稳定性要求。叠合板堆放不得超过（　　）层。

A. 3　B. 4　C. 5　D. 6

13. 木方主要用于水平构件的堆放，如叠合板、预制空调板等，木方在采购时通常为4m长整木，截面尺寸为边长（　　）的正方形，需要根据生产的实际需要在后期进行加工。

A. 120mm　B. 100mm　C. 80mm　D. 60mm

14. 叠合板粗糙面的凹凸差不小于（　　）。

A. 4mm　B. 6mm　C. 8mm　D. 10mm

15. 叠合板装车时应采用（　　）运送的方式。

A. 竖放　B. 平放　C. 侧立靠放　D. 以上说法都对

16. 楼板与柱、剪力墙分开浇筑时，柱、剪力墙混凝土的浇筑高度应略（　　）叠合楼板板底标高。

A. 高于　B. 等于　C. 低于　D. 以上说法都对

17. 叠合板宽度、厚度尺寸允许偏差为（　　）。

A. ±3mm　B. ±4mm　C. ±5mm　D. ±6mm

18. 叠合板临时固定措施的安装质量检查为主控项目，验收应（　　）。

A. 全数检查　B. 抽样检查　C. 半数检查　D. 随机检查

19. 预制混凝土构件表面破损和裂缝处理方案中，裂缝宽度不足0.2mm且在外表面的裂缝，应采用（　　）。

A. 环氧树脂浆料修补

B. 专用防水浆料修补

C. 不低于混凝土设计强度的专用修补浆料修补

D. 废弃

20．叠合板的预制底板厚度不宜小于（　　），后浇混凝土叠合层厚度不应小于（　　）。

A．50mm，50mm　　B．60mm，60mm

C．60mm，50mm　　D．70mm，60mm

21．叠合板生产过程中，外露钢筋桁架、预埋件在混凝土浇筑前宜采取（　　）措施，防止混凝土滴落在上面。

A．检查　　B．防污染　　C．纠正　　D．支撑

二、多选题

1．关于标准图集编号为DBS1-67-3615-11的叠合板描述中，正确的有（　　）。

A．双向板　　B．叠合层厚70mm

C．预制底板宽度1500mm　　D．板配筋编号为11

2．混凝土叠合板最常见的类型有（　　）。

A．钢筋桁架混凝土叠合板　　B．实心平底板混凝土叠合板

C．带肋底板混凝土叠合板　　D．预应力混凝土叠合板

3．叠合板安装时，应对相邻两个构件的（　　）进行校核与检查。

A．平整度　　B．高低差　　C．拼缝尺寸　　D．垂直度

4．下列属于叠合楼板安装支撑体系的有（　　）。

A．顶托　　B．木工字梁　　C．立杆　　D．三脚架

5．现行标准中叠合件叠合层厚度有（　　）。

A．60mm　　B．70mm　　C．80mm　　D．90mm

6．组装模具前模具必须清理干净，不得有（　　）。

A．油污　　B．混凝土渣　　C．浮锈　　D．水泥砂浆

7．叠合板预制底板应满足的要求有（　　）。

A．钢筋桁架沿主受力方向

B．钢筋桁架直径不宜小于6mm，腹杆钢筋直径不应小于4mm

C．钢筋桁架弦杆混凝土保护层不应小于15mm

D．钢筋桁架直径不宜小于8mm，腹杆钢筋直径不应小于6mm

项目 5 预制楼梯工程

知识目标

1. 掌握预制楼梯的生产工艺。
2. 熟悉预制楼梯质量验收的内容。
3. 了解预制楼梯的吊装施工流程。
4. 掌握预制楼梯安装方法。
5. 熟悉楼梯安装质量验收的内容。

能力目标

1. 能监督预制楼梯的加工与制作过程。
2. 能进行预制楼梯的质量验收和记录。
3. 能在现场进行装配式建筑测量定位、预制楼梯安装。
4. 学会确保预制楼梯安装质量的控制措施、安全措施，使预制楼梯安装满足设计及施工要求。

素养目标

培养学生分析、解决问题的综合能力，团队协作能力和精益求精的精神。

引例

融创 · 云麓长林住宅项目（图 5-1）位于贵州省贵阳市，总建筑面积为 141340.49m²，其中 A2#、A3#、A4#、A5#楼为装配式建筑，装配式建筑面积为 45643.24m²，装配率达 52.1%。

图 5-1　融创 · 云麓长林住宅项目效果图

本项目采用预制剪刀楼梯（图 5-2），考虑到整段预制剪刀楼梯较重，吊装不便，在剪刀楼梯中间加 L 形现浇梯梁，梯段分 4 段进行预制，使其吊装质量减半。

（a）预制剪刀楼梯三维示意图

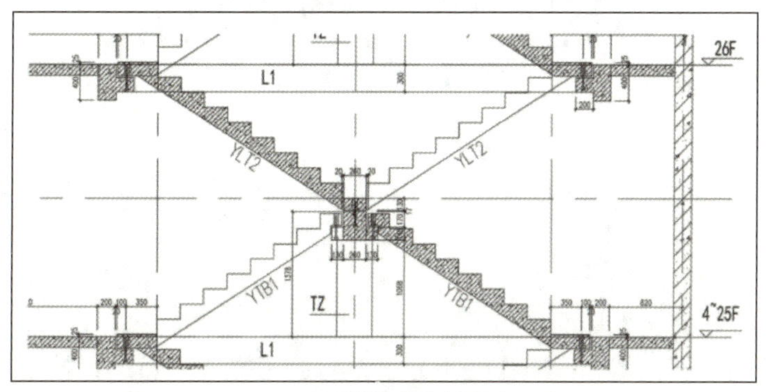

（b）预制剪刀楼梯剖面图

图 5-2　预制剪刀楼梯

请利用本项目所学知识，完成以下任务。

（1）以上述标准层楼梯为例，楼梯梯段分4段预制，那么每段预制楼梯梯段如何连接？

（2）如何完成预制楼梯的生产和施工？

任务5.1　预制楼梯生产

预制楼梯是在预制构件工厂生产，运至施工现场装配、连接而成的混凝土结构构件。图5-3所示为常见的预制板式双跑楼梯。预制楼梯根据预制方式分为整段预制楼梯和分段预制楼梯，如图5-4所示。其相较于现浇楼梯具有以下优点。

（1）减少现浇楼梯质量通病，降低施工难度。

（2）预制楼梯成型效果好，可将防滑条、栏杆预埋件固定点、滴水线等一次成型，达到清水交付效果。

（3）预制楼梯吊装速度快，人工需求量较现浇工艺少。

图5-3　预制板式双跑楼梯

（a）整段预制楼梯

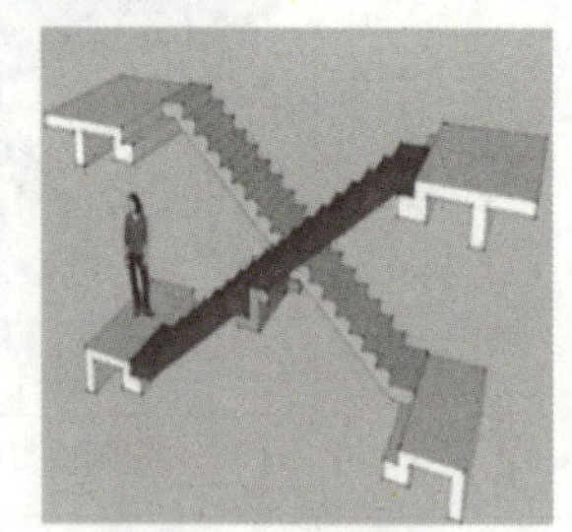

（b）分段预制楼梯

图5-4　预制楼梯类型

5.1.1　预制楼梯生产准备

1．技术准备

（1）收集施工相关技术标准。

（2）熟悉预制楼梯施工方案或作业指导书，对施工操作人员进行技术交底。

（3）进行混凝土配合比设计。

（4）预制楼梯的深化设计需要修改或完善时，在生产前审核变更文件。

2. 物资准备

（1）混凝土原材料应符合以下规定。

① 水泥、外加剂、掺合料、粗骨料、细骨料等应符合现行国家标准《混凝土结构工程施工质量验收规范》的规定。

② 混凝土原材料应按品种、数量分别存放。

（2）钢筋和钢材应符合下列规定。

① 钢筋应符合设计和现行国家标准《混凝土结构设计规范（2015 年版）》的规定。

② 预埋件宜采用 Q235B 钢材。

③ 预制楼梯的吊环应采用 HPB300 钢筋或 Q235B 圆钢制作。预制楼梯吊装用内埋式螺母或内埋式吊杆及配套的吊具，应符合国家现行相关标准的规定。

（3）模具应符合下列规定。

① 预制楼梯模具可采用卧式或立式钢模具，应满足承载力、刚度和稳定性要求。

② 模具应满足预制楼梯的质量、生产工艺、模具组装与拆卸、周转次数等要求。

③ 模具应满足预制楼梯预留孔洞、插筋、预埋吊环及其他预埋件的定位要求，且便于清理。

知识链接

预制楼梯模具有卧式模具和立式模具两种，其各自的优缺点如表 5-1 所示。

表 5-1 两种模具优缺点

模具类型		优点	缺点
卧式模具		安放钢筋笼方便，浇筑方便，拆模工作量少	抹面及压光工序耗工时，在脱模堆放时，多一道翻转工序，多消耗 4 个预埋件，占用场地大。楼梯背面滴水线还需要人工用压条形成
立式模具		质量轻、调试简单，拆模、合模快捷，构件表面平整光滑，无须进行脱模计算，占用场地小	钢筋笼位置较难控制，浇筑混凝土时容易撒漏

（4）脱模剂的选用。

模具使用前应涂刷脱模剂。脱模剂宜选用性质稳定、易喷涂、脱模效果好的水质、油质或蜡质脱模剂，并应具有改善预制楼梯外观质量的功能，检验应符合现行行业标准《混凝土制品用脱模剂》（JC/T 949—2021）的规定。

3. 设施设备准备

（1）施工机械：混凝土输送料斗、振动棒、自动数控弯箍机、数控钢筋调直切断机、数控钢筋剪切生产线、数控立式钢筋弯曲机、钢筋网片焊接机、起重系统等。

（2）工具用具：钢筋绑扎机、密封条、木条、棉丝、木抹子、钢抹子、撬棍等。

（3）监测装置：水平尺、钢卷尺、靠尺、塞尺、卡尺、混凝土回弹仪等。

4. 生产条件准备

（1）生产设备、机械试运转正常。

（2）根据预制楼梯生产数量、工期、生产工艺合理设置生产主区和配套功能区域。

（3）建立预制楼梯产品标识系统。

5.1.2 预制楼梯生产工艺

预制楼梯生产工艺流程图如图 5-5 所示。

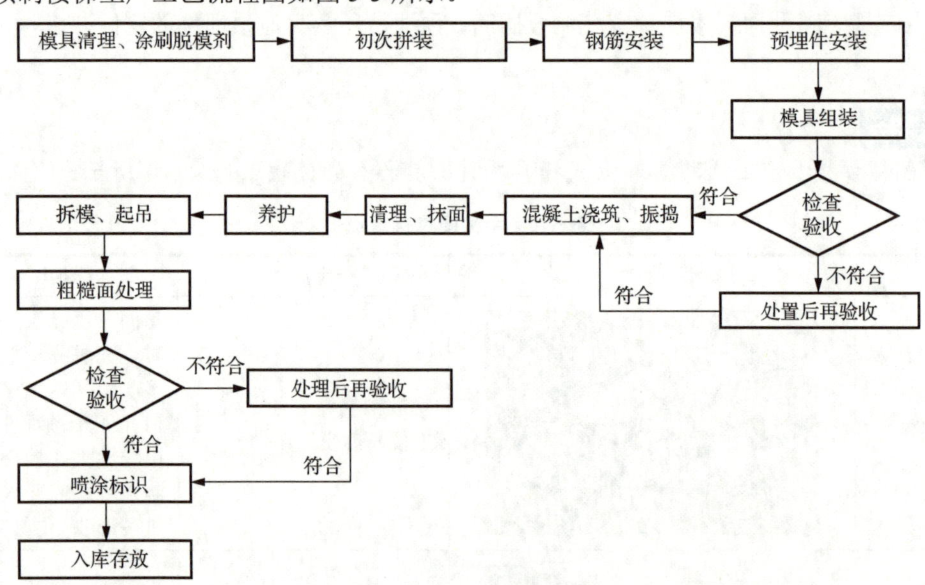

图 5-5 预制楼梯制作工艺流程图

1. 模具清理、涂刷脱模剂

模具清理、涂刷脱模剂流程为：尼龙刷抛光→干净抹布擦拭→稀料清洗→干净抹布擦拭→涂刷脱模剂。应注意的施工要点如下。

（1）预制楼梯每一次脱模以后，对模具（钢模）使用尼龙刷进行整体抛光，抛光以后在模具的表面不得残留混凝土块等杂物。

（2）使用洁净的抹布对模具进行整体的擦拭；抹布应保持清洁，不得掉毛，不得含有灰尘，擦完以后需要保持清洁，不得堆放杂物。

（3）清理完以后使用稀料进行清洗，清洗完以后应使用干抹布再次进行擦拭（从左及右依次擦拭），不得漏擦；抹布应保持清洁，不得掉毛，不得含有灰尘。

（4）脱模剂应涂抹均匀，不得漏刷或积存，表面不得呈现厚度，严禁滴洒，污染钢筋；

涂刷所用的脱模剂与水的兑制比例需根据制作构件时的温度进行调整。在预制楼梯粗糙面部位对应的模具内表面上，均匀涂刷适量缓凝剂。

（5）涂刷完成以后，模具应及时组装。

2．钢筋和预埋件安装

（1）预制楼梯端部钢筋笼和中部钢筋网片绑扎应符合设计要求，中部钢筋网片的纵向受力筋应锚入端部钢筋笼，如图 5-6 所示。

（2）钢筋笼入模之前应提前布置垫块，垫块按梅花状布置，间距满足钢筋限位及控制变形要求。钢筋笼入模过程中应避免破坏模具内表面涂刷好的脱模剂，钢筋笼不得沾染脱模剂。

图 5-6　预制楼梯钢筋

（3）固定预埋件前，应检查预埋件型号、材料数量、级别、规格尺寸、平整度、锚筋长度、焊接质量。

（4）钢筋布置完成后，应对钢筋布置的品种、级别、规格、长度、数量、保护层等进行班组验收。

（5）钢筋安装应注意的要点如下。

① 钢筋的保护层厚度不得超过 20mm。

② 钢筋的分布间距应符合设计及规范要求。

③ 吊点及预埋件位置埋设正确合理，预埋件的固定应利用工桩、磁性底座等辅助工具保证安装位置及精度。

④ 钢筋笼禁止漏扎、跳扎，扎丝端头统一朝向钢筋笼内部。

3．模具组装完成后检查验收

模具进场前需经过项目部、监理单位、设计单位、施工单位联合进行验收，对模具尺寸、预埋件固定方式、位置等相关内容进行验收，合格后方可使用。

1）模具验收

模具组装尺寸允许偏差及检验方法应符合表 5-2 要求。接缝及连接部位应使用双面胶粘贴密封，不得漏浆；模具组装后先进行班组验收，然后由质检人员验收。

表 5-2　预制楼梯模具组装尺寸允许偏差及检验方法

项次	项目	允许偏差/mm	检验方法
1	长度	+1，−2	钢尺测量平行构件高度方向，取其中偏差绝对值较大处
2	截面尺寸	+2，−4	
3	对角线差	3	钢尺测量纵、横两个方向对角线
4	侧向弯曲	L/1500 且≤5	拉线，钢尺测量弯曲最大处
5	翘曲	L/1500	对角拉线测量交点间距离值的两倍
6	底模表面平整度	2	2m 靠尺和塞尺量测
7	组装缝隙	1	金属塞片或塞尺量测
8	边模高差	1	钢尺量测

注：L 为模具与混凝土接触面中最长边尺寸。

2）钢筋验收

检验钢筋布置的品种、级别、规格、长度、数量、保护层等。钢筋笼的长度允许误差为±10mm，宽度、高度允许误差为±5mm，保护层厚度允许误差为±5mm，箍筋、横向钢筋间距允许误差为±5mm，钢筋弯起点位置允许误差为±5mm。

3）预埋件验收

根据预制楼梯生产图纸检验各类预埋件位置。固定在模板上的预埋件、预留孔洞位置的允许偏差及检验方法应符合表 5-3 的规定。

表 5-3　预埋件、预留孔洞位置的允许偏差及检验方法

项目		允许偏差/mm	检验方法
预埋件	中心线位置	±5	钢尺量测
	安装垂直度	1/40	拉水平线、竖直线测量两端差值且满足施工误差要求
预留孔洞	中心线位置	±3	钢尺量测

4）脱模剂验收

检查脱模剂剐蹭程度，剐蹭程度严重的部位应补刷脱模剂，补刷过程中不得污染钢筋和预埋件。

4. 混凝土浇筑、振捣

混凝土浇筑、振捣应符合以下规定。

（1）浇筑前应检查混凝土质量，包括混凝土设计强度、和易性、浇筑温度等，均应符合国家现行标准《混凝土结构工程施工规范》的相关要求。

（2）浇筑前检查坍落度，坍落度应控制在 80～100mm。

（3）当采用立式模具生产预制混凝土楼梯时，应分层浇筑，每层的混凝土浇筑高度不宜超过 300mm，不得超过 400mm。

（4）混凝土振捣采用频率为 200Hz 的振动棒。振捣时应快插慢拔，振点间距不超过 300mm，振捣上层混凝土时，应插入下层 50mm 为宜，振捣混凝土的时限应以混凝土内无气泡冒出时为准，不可漏振、过振、欠振。振捣时，应避开预埋件，并应避免钢筋、模板等被振松。

5. 清理、抹面

混凝土浇筑完成后应及时进行清理，如图 5-7 所示。预制楼梯侧面采用人工抹面，并应符合以下规定。

（1）使用刮杠将混凝土表面刮平，用塑料抹子粗抹，使表面基本平整，无外露石子，外表面无凹凸现象，四周侧板的上沿要清理干净，待静停不少于 1h。

（2）使用铁抹子找平，注意预埋件四周的平整度，边沿的混凝土如果高出模具上沿应及时压平，使边沿不超厚且无毛边，须将表面平整度控制在 3mm 以内。

（3）使用铁抹子对混凝土表面进行压光，保证表面无裂纹、无气泡、无杂质，表面平整光洁，不允许有凹凸现象。应使用靠尺边测量边找平，应使表面平整度控制在 3mm 以内。

图 5-7 预制楼梯混凝土浇筑完成后进行清理

6. 养护

预制楼梯的养护可采用自然养护和蒸汽养护，根据季节、环境温度、工期等因素合理选取养护方式和养护制度。

1）自然养护

气温高于 15℃时，可采用自然养护。在预制楼梯脱模前若气温超过 35℃，应定时做淋水保湿。当采用自然养护时，静停期间，混凝土应及时用塑料薄膜等洁净物覆盖；养护期间应洒水保湿，相关操作应符合现行国家标准《混凝土结构工程施工规范》。试件的养护条件应与预制楼梯养护条件相同，并应采取措施妥善保管。

2）蒸汽养护

气温低于15℃时，宜采用蒸汽养护。当采用蒸汽养护时应符合以下规定。

（1）预制混凝土楼梯蒸汽养护之前需静停，静停时间以用手按压无压痕为标准。

（2）用干净塑料布覆盖混凝土表面，再用帆布将楼梯模具整体盖住，保证气密性，之后方可进行蒸汽养护。

（3）预养护时间不应小于2h，升温速度不宜超过15℃/h，降温速度不宜超过10℃/h，恒温阶段温度不宜超过60℃，恒温时间不宜小于4h。

（4）预制楼梯出养护罩时构件表面温度与环境温度差值不应超过20℃。

（5）同条件试块养护要求同以上规定。

7. 拆模、起吊

（1）预制楼梯拆模、起吊时，混凝土强度等级不应小于混凝土设计强度等级的75%，且不应小于15MPa。当设计对拆模强度有更高要求时，以设计要求为准。

（2）拆模时构件表面温度与环境温度相差不应超过20℃。

（3）模具应该按顺序拆除，并及时清理模具表面，修复模具变形位置。拆模过程中应使预制楼梯表面及棱角处不受损伤，严禁用重物锤击模具。

（4）预制楼梯起吊宜使用平衡钢梁。

8. 粗糙面处理

用高压水枪冲洗预制楼梯的粗糙面部位，除掉表面的浮浆，完全露出骨料。骨料外露不足的地方，应用凿子人工凿毛，粗糙面凹凸应不小于 6mm。

9. 预制楼梯生产质量检查验收

预制楼梯外观检验应符合以下规定。

（1）破损长度不大于20mm 的部位使用混凝土设计强度同等级的砂浆修补，破损长度大于20mm的部位用不低于混凝土设计强度的水泥基结晶渗透性材料修补。

（2）裂缝宽度不小于0.2mm的部位用环氧树脂浆料修补，裂缝宽度小于0.2mm的部位用水泥基结晶渗透性材料修补。

（3）裂缝宽度大于0.3mm且长度超过300mm的构件，应做废弃处理。

（4）构件出现影响结构性能且不能恢复的破损和裂缝时，应做废弃处理。

（5）构件出现影响钢筋、连接件、预埋件锚固的破损和裂缝时，应做废弃处理。

成品尺寸的允许偏差及检验方法应符合现行国家标准《混凝土结构工程施工质量验收规范》的相关规定。

预制楼梯成品入库前，应测试混凝土强度。若测试结果不符合设计强度要求，则对该构件进行周期为7d的跟踪测试，混凝土强度达不到设计强度时不得入库。在预制楼梯吊装前如果混凝土强度依然达不到设计强度，应做废弃处理。

10. 喷涂标识

预制楼梯通过成品检验后，应及时喷涂产品标识（二维码），标识内容包括构件编号、规格、应用项目、生产日期、合格状态、生产单位等信息。

11. 入库存放

预制楼梯入库存放时，应使用通长垫木或垫块作为构件的支承和分隔材料，支承位置应与吊装位置对应，并确保每层构件间的通长垫木或垫块在同一位置，如图5-8所示。

预制楼梯存储宜平放，预留钢筋一侧应朝向水平方向，堆叠层数应根据构件尺寸、存储场地、支撑方式经过计算确定，一般不宜超过5层。

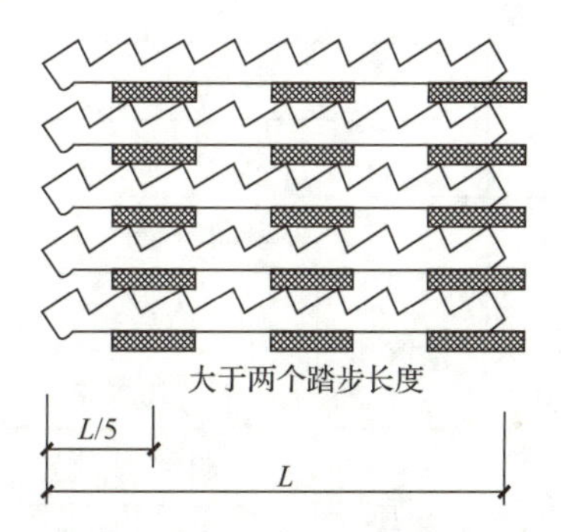

图5-8 预制楼梯入库存放和堆垛示意图

注：1．预制楼梯的放置采用立放方式或平放方式。

2．在堆置楼梯时，板下部两端垫置100mm×100mm垫木。垫木放置位置在$L/5 \sim L/4$（L为预制楼梯总长度），并在预制楼梯段的后起吊（下端）的端部位置设置防止起吊碰撞的伸长垫木，防止在起吊时碰撞，斜向转角磕碰。

3．垫木层与层之间应垫平、垫实，各层支垫应上下对齐。

4．不同类型应分别堆垛，堆垛层数不宜超过5层。

5.1.3 预制楼梯生产质量验收

1. 质量验收项目

1）主控项目

（1）预制楼梯混凝土强度应符合现行国家标准《混凝土结构工程施工质量验收规范》的相关规定。

（2）预制楼梯的外观质量不应有严重缺陷，且不应有影响结构性能和安装、使用功能的尺寸偏差。

2）一般项目

（1）预制楼梯外观质量不应有一般缺陷。

（2）预制楼梯成品尺寸允许偏差及检验方法应符合表5-4的规定。

表 5-4 预制楼梯成品尺寸允许偏差及检验方法

<table>
<tr><th>项次</th><th colspan="2">项目</th><th>允许偏差/mm</th><th>检验方法</th></tr>
<tr><td>1</td><td colspan="2">长度</td><td>±5</td><td>钢尺量测</td></tr>
<tr><td>2</td><td colspan="2">宽度</td><td>±5</td><td rowspan="2">钢尺测量一端及中部，取其中偏差绝对值较大处</td></tr>
<tr><td>3</td><td colspan="2">厚度</td><td>±3</td></tr>
<tr><td>4</td><td colspan="2">对角线</td><td>5</td><td>钢尺量测</td></tr>
<tr><td>5</td><td colspan="2">侧向弯曲</td><td>$L/750$ 且≤20</td><td>拉线，直尺测量最大侧向弯曲处</td></tr>
<tr><td>6</td><td colspan="2">外表面平整度</td><td>5</td><td>2m 靠尺和塞尺量测</td></tr>
<tr><td rowspan="2">7</td><td rowspan="2">预留孔</td><td>中心线位置</td><td>5</td><td rowspan="4">钢尺量测</td></tr>
<tr><td>孔尺寸</td><td>±5</td></tr>
<tr><td rowspan="2">8</td><td rowspan="2">预埋件</td><td>中心线位置</td><td>5</td></tr>
<tr><td>与混凝土表面高差</td><td>0，−5</td></tr>
</table>

注：L 为预制楼梯的长度，单位为 mm。

（3）预制楼梯上的预埋件、预留出筋等材料的质量、规格和数量应符合设计要求。

（4）预制楼梯的结合面应符合设计要求。

2. 质量通病原因分析及处理措施

1）钢筋笼漏筋现象

出现钢筋笼漏筋的主要原因如下。

（1）钢筋笼绑扎不规范：绑扎钢筋前没有熟悉设计图纸，绑扎的钢筋笼与设计图纸不符。

（2）钢筋笼安装问题：钢筋笼在安装时未放正或未铺垫好保护层垫块。

出现钢筋笼漏筋的处理措施如下。

（1）上下端部漏筋：拆开侧模进行钢筋笼调整。

（2）踏步漏筋：将整个模具拆开进行调整。

2）漏浆现象

漏浆是预制楼梯生产中常见的现象之一，一般立式模具出现较多，主要原因如下。

（1）模具问题：模具合模后不密实，存在缝隙，一般是通知模具工厂派专人对模具进行改制。

（2）封条、双面胶未粘贴到位：密封胶条在安装的时候没有用 PVC 胶水粘贴；在粘贴楼梯踏面与踢面的转角处时，双面胶没有粘贴到位，形成弧度，合模时因模具与模具间的压力造成双面胶断裂；双面胶贴得过厚或过薄；底模和踏模的双面胶粘贴位置错误（或双面胶粘贴不牢固），涂抹脱模剂后，双面胶粘有脱模剂；合模时因模具与模具之间的压力，双面胶出现向上或向下的偏移，甚至出现双面胶融入混凝土的现象。

（3）模具固定螺栓未拧紧，出现松动：在合模后，螺栓未完全紧固，或在振捣过程中出现螺栓松动。

出现漏浆的处理措施如下。

（1）轻微漏浆可直接用水泥砂浆进行抹面修补，并用砂纸打磨即可。

（2）严重漏浆导致的烂根按以下方法修补处理。

① 首先将松散、松动石子凿除，做到小锤细凿。

② 对凿除的部位用毛刷或气枪清理，并用水冲洗干净，充分湿润且不得有积水现象。

③ 对漏浆较严重的部位事先制作一个简易模板，并将模板湿润。

④ 浇筑比原设计高一强度等级的细石混凝土捣实补平。

⑤ 初凝前对新浇筑的混凝土进行抹面收光，并用薄膜覆盖，终凝后洒水养护（每天洒水 5 次左右，持续 14d）。

⑥ 用砂纸或手砂轮打磨，使其与原混凝土平整度一致，色差相近。

3）崩角现象

发生崩角的主要原因如下。

（1）焊疤引起的崩角：模具制作时采用电焊焊接加固，如端部做法、防滑条、滴水条、底模与侧模的拼接等，模具表面的焊疤在生产前没有进行打磨平整。

（2）模具二次焊接部位出现脱焊变形现象：模具初始化存在焊接不牢固，或生产过程中由于振动器长期贴靠着模具进行振捣，导致二次焊接部位出现脱焊变形现象，混凝土夹杂在变形缝隙中，拆模时，楼梯不能完整脱模，造成崩角。

（3）脱模剂涂刷不到位：涂刷脱模剂的时候，一般楼梯的转角处容易出现脱模剂漏涂现象，成型拆模后导致崩角现象。

（4）拆模过早：因混凝土强度等级不足而造成混凝土边角随模具拆除破损。

（5）起吊转运过程中构件受到撞击：因吊链、吊钩、楼梯不在同一直线，起吊时出现楼梯摆动撞击模具，或在转运过程中撞击某个物体导致崩角。

发生崩角的处理措施如下。

对于防滑条之类的小崩角可直接用水泥砂浆或用 1∶1 的外墙腻子粉与修补胶水搅拌进行修补，待终凝后用砂纸或手砂轮进行打磨。

4）表面蜂窝麻面

出现表面蜂窝麻面的主要原因如下。

（1）脱模剂原因：宜选用质量稳定、易涂抹的水性或油性脱模剂。

（2）振捣不当：振捣不充分、不均匀，振捣时间不足或过长。

出现表面蜂窝麻面的处理措施如下。

（1）表面轻微的麻面可通过后续的抹灰、刮涂、喷涂等弥补，也可不做处理。

（2）对于严重的蜂窝麻面并有孔洞漏浆的情况，需将修补处清理干净，并浇灌细石混凝土进行修补抹平，待终凝后用砂纸或手砂轮进行打磨。

5）裂缝

出现裂缝的主要原因如下。

（1）混凝土原因：水泥自身受潮或过期；混凝土的配合比不当，水灰比过大；坍落度过大或过小。

（2）保护层过大或过小：保护层厚度不符合设计图纸要求，或钢筋笼入模后没有铺垫保护层垫块，造成保护层过大或者过小。

（3）过振引起的离析裂缝：振捣的时候过振，混凝土产生离析现象。

（4）收光裂缝：没有掌握好二次收光时机，产生的收缩性裂缝。

（5）养护不到位产生的裂缝：收光后，没有及时覆盖薄膜保水；养护时间不足；养护前后的升降温差过快过大；后期没有进行洒水养护。

（6）起吊过早，混凝土因抗拉强度不足而产生裂缝。

出现裂缝的处理措施如下。

（1）因养护不足产生的干缩裂缝，不影响使用和外观的可不做处理。

（2）当裂缝宽度不大于 0.2mm 时，可直接用水泥砂浆进行表面密封。

（3）当裂缝宽度大于 0.3mm 时，应采用碳纤维材料或环氧树脂进行嵌缝密闭。

（4）当裂缝较深时，应对裂缝处进行切槽灌浆修补，可按后浇带方法处理。

6）预埋孔洞位置偏移

出现预埋孔洞位置偏移的主要原因如下。

（1）模具原因：模具验收时没有仔细核对设计图纸并进行检验。

（2）生产中安装原因：工人在进行预埋件安装时未安装牢固，或振捣过程中预埋件松动未及时紧固。

出现预埋孔洞位置偏移的处理措施如下。

（1）模具验收时，应及时要求模具工厂更改预埋孔洞位置。

（2）在不影响使用的情况下可不做处理。

（3）对不影响结构安全因素的（如扶手预埋孔洞）可使用冲击钻，加装与扶手预埋孔洞相同尺寸的钻头后重新开孔。

（4）对影响结构安全因素的（如销键孔）建议做废弃处理。

任务 5.2　预制楼梯施工与验收

5.2.1　预制楼梯安装准备

1. 吊装工具准备

进行预制楼梯安装施工需要准备的吊装工具如表 5-5 所示。

表 5-5 吊装工具

工具	图示	说明
吊装梁		用途：起吊、安装过程平衡构件受力。 主要材料：20 号工字钢
螺栓		用途：主要机械受力、联系构件与起重机械之间受力。 主要材料：根据图纸规格可在市场上采购成品
手拉葫芦		用途：调节起吊过程中水平。 主要材料：手拉倒链

2．放定位线

根据施工图纸，在上下楼梯休息平台板上分别放出楼梯定位线；同时在梯梁上表面放置垫片，并铺设细石混凝土找平，如图 5-9 所示。可选垫片厚度包括 3mm、5mm、8mm、10mm、15mm、20mm。

（a）放出楼梯定位线

（b）垫片及细石混凝土找平

图 5-9 楼梯定位和找平

3. 钢筋检查和校正

检查竖向连接钢筋，针对偏位钢筋进行校正。

5.2.2 预制楼梯安装与连接

1. 预制楼梯安装

1）楼梯吊装工艺流程

楼梯吊装工艺流程如图 5-10 所示。其中预制楼梯起吊、钢筋对孔校正及位置、标高确认为预制楼梯主要安装流程。

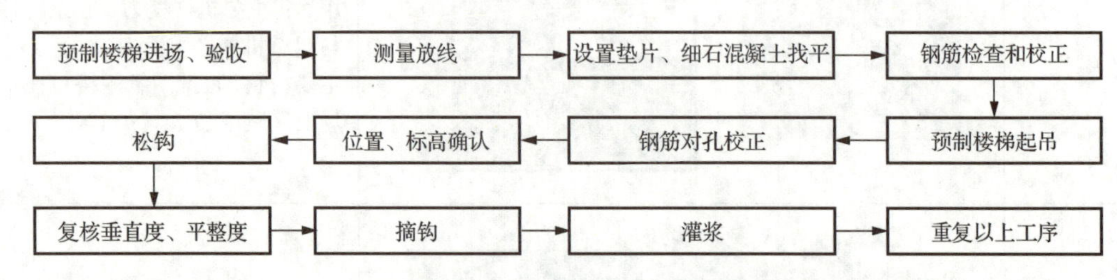

图 5-10 楼梯吊装工艺流程图

2）预制楼梯起吊

使用吊钩及长短吊绳吊装预制楼梯，如图 5-11 所示。吊装时，安排两名信号工人（起吊处一名，楼层上一名），一名挂钩工人（起吊处），两名安放及固定楼梯工人（楼层上）。

图 5-11 使用吊钩及长短吊绳吊装预制楼梯

吊装前由质量负责人核对楼梯型号、尺寸。检查无误后，由专人负责挂钩。待挂钩工人撤离至安全区域时，由下面信号工人确认预制楼梯四周安全情况并指挥缓慢起吊。塔式起重机起吊预制楼梯到距离地面 0.5m 左右，确定安全后继续起吊。

3）钢筋对孔校正及位置、标高确认

待预制楼梯下放至距楼面 0.5m 处，由工人稳住预制楼梯，根据水平控制线缓慢下放楼梯，预留孔对准预留钢筋，将预制楼梯安装至设计位置及设计标高，如图 5-12 所示。

（a）工人稳住预制楼梯　　（b）安装至设计位置及设计标高

图 5-12　预制楼梯安装

4）预制楼梯吊装注意事项

（1）采用吊装梁并设置长短吊绳，保证预制楼梯起吊呈正常使用状态，低跨采用手拉葫芦调节，使吊装梁与踏步呈水平状态，楼梯吊绳与吊装梁垂直，便于就位。

（2）吊装过程中主吊绳与吊装梁水平夹角 α 不宜小于 60°。

（3）就位时预制楼梯要从上垂直向下安装，在作业层上空 0.5m 处略作停顿，工人手扶楼梯调整方向，将楼梯板的边线与梯梁上的安装控制线对准，放下时要停稳慢放，严禁快速猛放。

（4）基本就位后用撬棍微调预制楼梯，直到位置正确，搁置平实，注意标高正确，校正后再脱钩。

2. 预制楼梯连接

1）安装连接件、踏步板及永久栏杆

预制楼梯安装到位后，由专人安装预制楼梯与墙体之间的连接件（预制墙体上需预埋螺母，以便连接件固定），然后安装踏步板及永久栏杆，如图 5-13 所示。

（a）安装预制楼梯与墙体之间的连接件　　（b）安装踏步及永久栏杆

图 5-13　连接件、踏步板及永久栏杆安装

2）预制楼梯连接节点

预制楼梯与支撑构件之间宜采用简支连接，并应符合以下规定。

（1）预制楼梯梯段高端设置固定铰支座，低端设置滑动铰支座，其转动及滑动变形能力应满足罕见地震作用下结构层间变形的要求。

（2）滑动铰支座的端部应采取防止滑落的构造措施。

（3）滑动端支座与支承结构应预留缝隙，缝隙内不宜填充刚性材料，宽度不宜小于30mm。

（4）固定铰支座可采用点连接或线连接的形式，连接构造应满足受力要求。

3．预制楼梯安装与连接的保护措施

（1）预制楼梯安装、连接施工过程中及完成后应做好成品保护。成品保护可采取包、裹、盖、遮等有效措施，防止构件被撞击损伤和污染。

（2）预制楼梯安装、校正过程中，避免对边缘的破坏。

（3）预制楼梯安装就位后，安装缝隙和连接孔位可用泡沫填充，防止垃圾进入其中；应及时将踏步面加以保护，避免将踏步棱角损坏，用胶合板定制稳定牢固的楼梯保护。

5.2.3 预制楼梯安全施工

（1）预制楼梯吊装工人须经三级安全教育，考试合格后方可上岗。

（2）由于安装预制楼梯的位置预留高度较高，预制楼梯在吊装完成后，浇筑混凝土前必须采用定型化防护栏封闭。

（3）施工作业人员施工中严禁吸烟，严禁酒后作业，严禁在支撑体系上追逐打闹；必须佩戴安全帽，禁止穿拖鞋进入施工现场。

5.2.4 预制楼梯安装质量验收

预制楼梯安装后，其外观质量不应有严重缺陷，且不应有影响结构性能和安装、使用功能的尺寸偏差。预制楼梯安装的允许偏差及检验方法应符合表5-6的规定。

表5-6 预制楼梯安装的允许偏差及检验方法

项次	项目	允许偏差/mm	检验方法
1	轴线位置	5	基准线和钢尺量测
2	标高偏差	±3	水准仪或拉线、钢尺量测
3	相邻构件平整度	4	2m靠尺或吊线量测
4	楼梯搁置长度	±10	钢尺量测

应用案例

上海地铁13号线学林路站工程项目

上海地铁13号线学林路站工程项目（图5-14）的主体结构公共区域有三处楼梯，其中1、3号楼梯呈对称分布，结构形式和所处环境基本相同，2号楼梯为T字形楼梯。在预制楼梯设计时，针对地铁车站使用功能、结构尺寸和施工情况，在梯板宽度设计上选择了600mm和700mm两种形式，踏步则选择了300mm×150mm和280mm×159mm两种形式。

图 5-14 地铁预制楼梯施工现场

项目小节

通过本项目学习，需掌握以下内容。

（1）预制楼梯的生产工艺。

（2）预制楼梯构件生产质量验收内容。

（3）预制楼梯吊装施工流程、安装方法。

（4）预制楼梯安装质量验收内容。

习题

根据本项目所学内容和涉及相关规范，完成以下习题。

一、单选题

1．关于预制楼梯的成品保护，以下说法中，（　　）是错误的。

A．存放过程中要限制存放层数

B．存放过程中支点应在一条竖直线上

C．饰面应采用铺设木板或其他覆盖形式的成品保护措施

D．安装完成后无须采取保护措施

2．预制楼梯装车时应采用（　　）运送的方式。

A．竖放　　B．平放　　C．侧立靠放　　D．以上说法都对

3．对于全预制板式楼梯，板内负筋伸入现浇混凝土不应小于（　　）。

A．9*d*　　B．10*d*　　C．11*d*　　D．12*d*

4．预制楼梯踏步梯段的支撑方式一般有（　　）4 种形式。

A．墙承式楼梯、板式楼梯、旋转楼梯和吊挂式楼梯

B．梁式楼梯、板式楼梯、悬臂式楼梯和吊挂式楼梯

C．梁式楼梯、板式楼梯、悬臂式楼梯和剪刀楼梯

D．墙承式楼梯、板式楼梯、旋转楼梯和多跑楼梯

5．楼梯拆模起吊前检验同条件养护的混凝土试块强度，当平均抗压强度达到（　　）以上方可脱模，否则继续进行养护。

A．10MPa　　B．20MPa　　C．18MPa　　D．15MPa

6．预制楼梯施工图应包括：按标准层绘制的平面布置图、剖面图、预制楼梯构件表以及（　　）。

A．预制楼梯配筋图　　B．楼梯编号表

C．预制楼梯连接节点　　D．梯梁构造图

7．关于编号 ST-28-25 的预制楼梯，以下叙述中正确的是（　　）。

A．该楼梯为双跑楼梯　　B．楼梯间净间距为 2800mm

C．层高为 2500mm　　D．该楼梯为剪刀楼梯

8．吊装预制楼梯梯段时，现浇的休息平台的混凝土强度必须达到（　　）。

A．50%　　B．65%　　C．75%　　D．100%

二、多选题

1．预制楼梯成品出厂要求（　　）。

A．转运吊装运输过程中避免磕碰，并进行必要防护，严格按照规范要求进行堆放、码放

B．按施工单位要求挑选所需型号构件，选好的构件须开好出库交接单及合格证，并进行装车

C．预制构件运输到现场后，应按照型号、构件所在部位、施工吊装顺序分类存放，存放场地应在吊车工作范围内

D．预制构件运输前应选定运输方案，宜选择至少一条可行路线进行运输

2．预制楼梯，根据实际情况均匀振捣，振动棒应（　　），振捣间距为（　　），每处振捣约 20～30s；根据混凝土料坍落度适当调整振捣时间。

A．快插慢拔　　B．慢插快拔　　C．10～15cm　　D．15～20cm

3．属于装配式混凝土建筑的水平构件有（　　）。

A．叠合板　　B．预制剪力墙　　C．预制楼梯　　D．叠合梁

4．预制楼梯与支撑构件连接有哪几种？（　　）

A．一端固定铰支座、一端滑动铰支座的方式

B．一端固定铰支座、一端滑动铰支座的方式

C．两端都是固定铰支座的方式

D．一端固定铰节点、一端滑动铰节点的简支方式

5．预制楼梯安装构造说法正确的有（　　）。

A．预制楼梯伸出钢筋部位的混凝土表面与现浇混凝土结合处应做成粗糙面

B．粗糙面凹凸深度不应小于 6mm

C．预制楼梯两端都是固定铰支座的方式

D．粗糙面的面积不宜小于结合面的 70%

三、简答题

简述预制楼梯浇筑的要求。

项目6 其他工程

知识目标

1. 了解预制阳台板、空调板的材料，以及生产、运输和堆放要求。
2. 熟悉预制阳台板、空调板的安装施工流程及吊装注意事项。
3. 了解预制女儿墙的材料，以及生产、运输和堆放要求。
4. 熟悉预制女儿墙的安装施工流程。
5. 了解预制飘窗的安装施工流程。

能力目标

1. 能监督预制阳台板、空调板、女儿墙、飘窗等的生产与制作过程。
2. 能进行预制阳台板、空调板、女儿墙、飘窗等构件的质量验收和记录。
3. 能在现场进行装配式建筑测量定位及预制阳台板、空调板、女儿墙、飘窗等构件安装。

素养目标

1. 培养学生分析、解决问题的综合能力。
2. 培养学生爱岗敬业、精益求精的工匠精神和踏实严谨、追求卓越的科学精神。

引例

中法武汉生态示范城棚改项目（图 6-1），位于湖北省武汉市蔡甸区，总建筑面积约 $8\times10^5m^2$，分为 4 个工区、18 个地块，由 55 栋住宅、2 栋幼儿园、邻里中心及配套商业组成。项目地上装配式建筑面积占比为 82.6%，其中 8 栋建筑装配率超过 50%，33 栋装配率超过 30%，该项目为设计-采购-施工总承包（EPC）模式的装配式建筑工程，主要预制构件有：预制空调板、预制飘窗、预制阳台板、预制楼梯等。

该项目是中法武汉生态示范城的重点民生工程，建成交付后将为 5000 余户村民提供环境优美、配套齐全的“安乐居”，促进节约用地，积极推进蔡甸区新型城镇化建设，助力中法武汉生态示范城建设发展。

图 6-1　中法武汉生态示范城棚改项目

请利用本项目所学知识，完成以下任务。

（1）预制空调板、预制飘窗、预制阳台板等构件的材料，以及生产、运输和堆放有什么要求？

（2）如何完成预制空调板、预制飘窗、预制阳台板等构件的安装施工？

任务 6.1　预制阳台板、空调板

6.1.1 预制阳台板

预制阳台板按预制程度分为叠合阳台板[图 6-2（a）]和全预制阳台板[图 6-2（b）]。

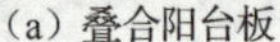

（a）叠合阳台板

（b）全预制阳台板

图 6-2　预制阳台板

叠合阳台板是指根据设计图纸在工厂预制底板部分，再运输到施工现场进行安装，然后进行预埋管线、绑扎钢筋、浇筑混凝土叠合层等工序，最后形成一个整体的构件。

全预制阳台板是指根据设计图纸将阳台板全部在工厂生产，运输到施工现场后直接安装，不需要再浇筑混凝土的构件。全预制阳台板包括全预制板式阳台板和全预制梁式阳台板两种类型。

预制阳台板能够克服现浇阳台的缺点，如支模复杂、现场高空作业费时费力等，还能避免在施工过程中，由于工人踩踏使阳台板上部的受力筋下沉，进一步导致阳台拆模后下垂的质量通病。在叠合结构体系中，还可以将叠合阳台板和叠合楼板及叠合墙板一次性浇筑成一个整体。

1. 材料

（1）叠合阳台板预制底板及其叠合层和全预制阳台板的混凝土强度等级均为 C30；连接节点区混凝土强度等级与主体结构相同，且不低于 C30。

（2）钢筋采用 HRB400、HPB300 级钢筋。

（3）预埋件中，钢板一般采用 Q235-B 钢材；内埋式吊杆一般采用 Q345 钢材；吊环采用 HPB300 级钢筋制作，严禁采用冷加工钢筋。吊环、内埋式吊杆或其他形式吊件应符合现行国家标准要求。

（4）连接件和预埋件采用碳素结构钢或不锈钢材料制作。

（5）焊接采用的焊条应符合现行国家标准《非合金钢及细晶粒钢焊条》（GB/T 5117—2012）或《热强钢焊条》（GB/T 5118—2012）的规定。

知识链接

预制阳台板编号的识读

预制阳台板编号如图 6-3 所示。

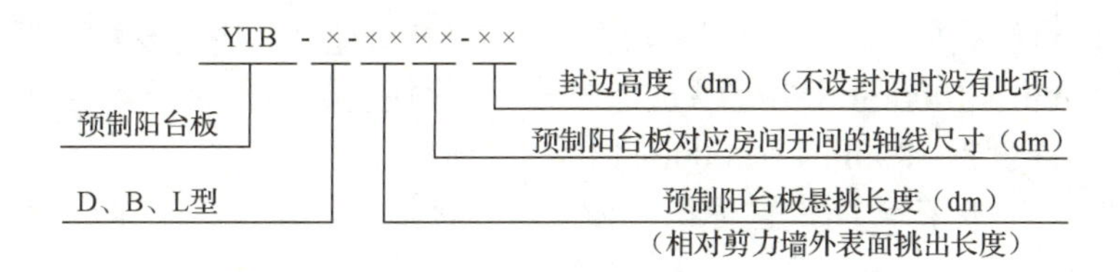

图 6-3 预制阳台板编号

预制阳台板类型：D 型代表叠合阳台板；B 型代表全预制板式阳台板；L 型代表全预制梁式阳台板。

YTB-B-1433-04 表示全预制板式阳台板，预制阳台板相对剪力墙外表面挑出长度为 1400mm，预制阳台板对应房间开间的轴线尺寸为 3300mm，预制阳台板的封边高度为 400mm。

YTB-L-1433 表示全预制梁式阳台板，预制阳台板相对剪力墙外表面挑出长度为 1400mm，预制阳台板对应房间开间轴线尺寸为 3300mm。

2. 预制阳台板生产、运输及堆放要求。

预制阳台板的生产、运输、堆放应满足《混凝土结构工程施工规范》及《装配式混凝土结构技术规程》的有关规定。

1）生产要求

（1）钢筋应有产品合格证，并按规定进行复检。

（2）混凝土浇筑前应进行隐蔽工程检查，包括：预埋吊件的位置、数量；钢筋型号、尺寸、位置、保护层厚度、外露长度；钢筋桁架、预埋管线和线盒的位置、数量；预留孔洞的定位装置（应通过可靠方式与底模连接）。

（3）混凝土振捣时避开钢筋、预埋件、预埋管线等，重要部位提前做好标记。按规定要求进行养护，并检测混凝土强度。

（4）同条件养护的混凝土立方体试件抗压强度达到设计混凝土强度等级的 75%时，方可拆模；按拆模顺序进行拆模，不得使用振动构件方式拆模；预制阳台板起吊时，须确认构件与模具连接部分完全分离才可起吊。

2）运输要求

预制构件运输车辆应满足构件尺寸和载重要求，卸载与运输途中应符合下列规定。

（1）装卸构件时，应采取保证车体平衡的措施。

（2）运输构件时，应采取防止构件移动、倾斜、变形等的固定措施。

（3）运输构件时，应采取防止构件损坏的措施，如运输车辆上设置专用固定架，构件接触部位应采用柔性垫片填实、支撑牢固，不得有松动。

3）堆放要求

（1）预制构件堆放场地应平整、坚实，有排水措施。

（2）预制阳台板运送到施工现场后，应按规格、品种、所用部位、吊装顺序分别设置堆场。堆场应设置在塔式起重机起吊范围内，宜为正吊，堆垛之间宜设置通道。

（3）预制阳台板叠放成堆垛时，层与层之间应垫平、垫实，各层支撑位置应上下对齐，最下面一层 100mm×100mm 木方垫块应通长设置，叠放层数不应大于 4 层，如图 6-4 所示。预制阳台板封边高度为 800mm、1200mm 时宜单层放置。

（4）预制阳台板应在正面设置标识，标识内容包括构件编号、制作日期、合格状态、生产单位等信息。

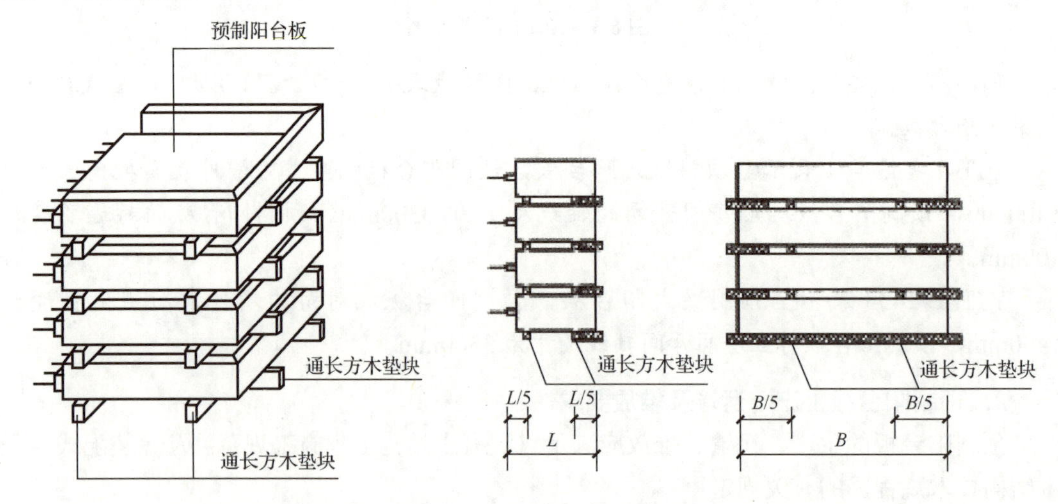

图 6-4　预制阳台板堆垛

6.1.2 预制空调板

空调板是用于固定空调外机的建筑构件，通常设置在外墙上。预制空调板（图 6-5）整体性好、抗裂性好，相较现浇空调板具有工期短、节能环保、成本低、现场湿作业少、不受季节影响等优势。

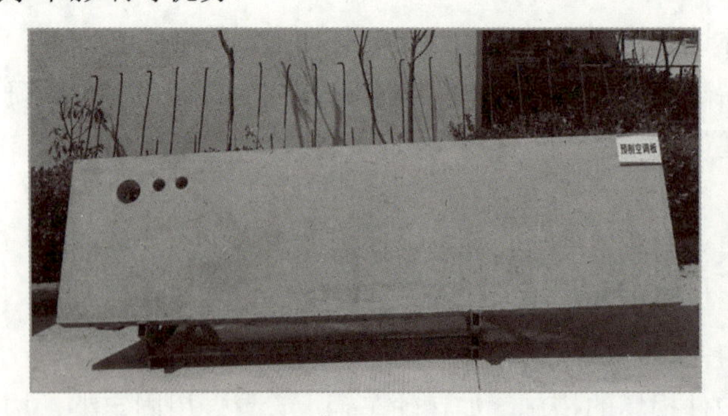

图 6-5　预制空调板

1. 材料

（1）预制空调板混凝土强度等级均为C30。

（2）纵向受力钢筋采用HRB400级钢筋，分布钢筋采用HRB400级钢筋；当吊装采用普通吊环时，采用HPB300级钢筋。

（3）预埋件锚板宜采用Q235-B钢材，同时预埋件锚板表面应做防腐处理。

（4）预制空调板密封材料应满足国家现行有关标准的要求。

知识链接

预制空调板编号的识读

预制空调板编号如图6-6所示。

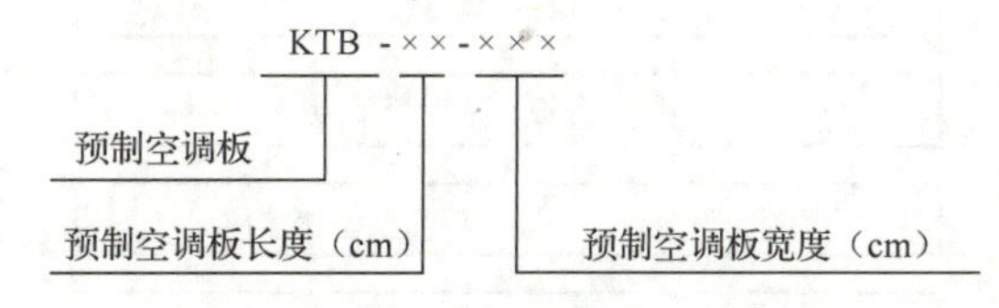

图6-6 预制空调板编号

KTB-84-130表示预制空调板长度为840mm，预制空调板宽度为1300mm。

2. 预制空调板生产、运输及堆放要求

预制空调板的生产、运输、堆放应符合《混凝土结构工程施工规范》及《装配式混凝土结构技术规程》的规定。

1）生产要求

预制空调板生产的钢筋选择、隐蔽工程检查、振捣、养护和脱模要求与预制阳台板基本相同。预制空调板与现浇混凝土结合面应进行粗糙面处理，粗糙面凹凸深度应不小于4mm。

2）运输要求

预制空调板的运输要求与预制阳台板相同。

3）堆放要求

预制空调板的堆放要求与预制空调板基本相同，不同之处是预制空调板叠放层数不宜大于6层，如图6-7所示。

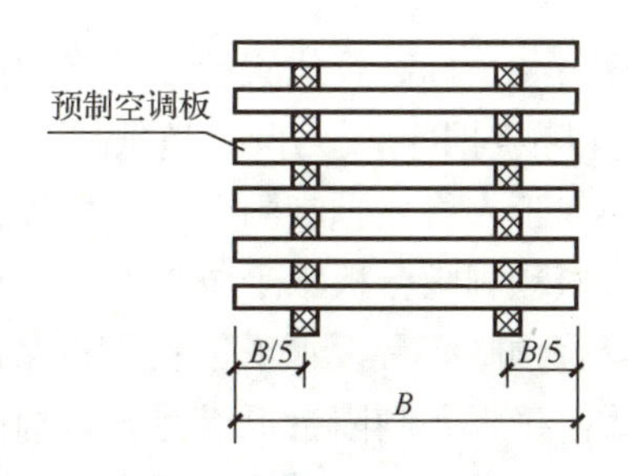

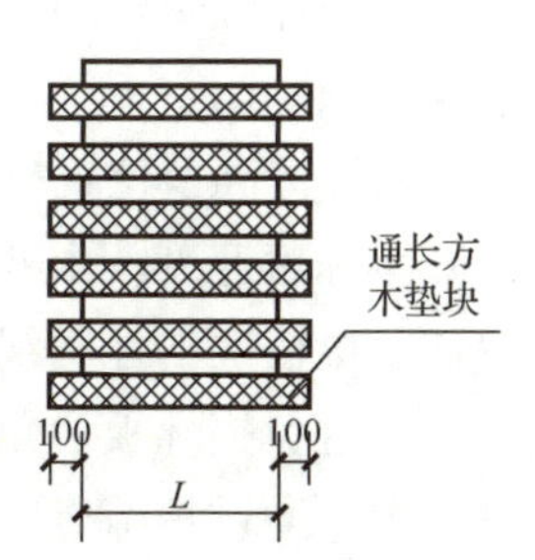

图6-7 预制空调板堆垛示意图

6.1.3 预制阳台板、空调板安装施工

1. 安装施工工艺流程

预制阳台板、空调板安装施工工艺流程如图 6-8 所示。

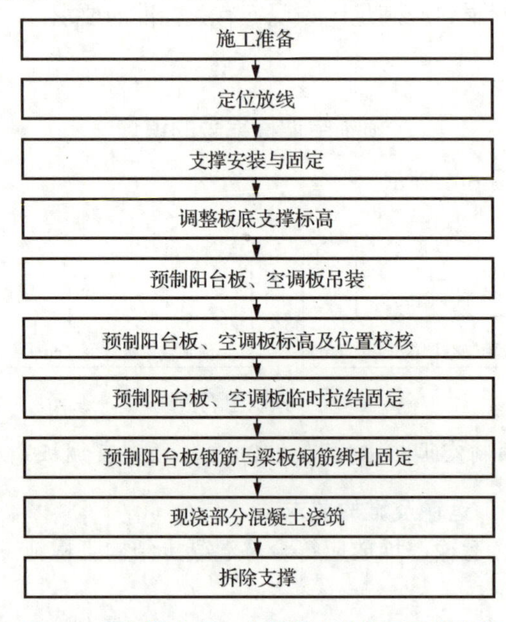

图 6-8　预制阳台板、空调板安装施工工艺流程

（1）施工准备。将预制阳台板、空调板施工操作面的安全防护措施落实就位。

（2）定位放线。在墙体和楼板上的预制阳台板、空调板安装位置测量放线，并设置安装位置标识。

（3）支撑安装与固定，调整板底支撑标高。在预制阳台板、空调板支撑部位放线，安装预制阳台板、空调板板下支撑。支撑宜采用承插式、碗扣式脚手架进行架设，支撑部位须与结构墙体有可靠刚性拉结连接措施，支撑应设置斜撑等构造措施，保证架体整体稳定，如图 6-9 所示。调整支撑上部的支撑梁至板底设计标高后，将支撑与墙体内侧结构拉结固定，防止构件倾覆，确保安全可靠。

（4）预制阳台板、空调板吊装，标高及位置校核。将预制阳台板、空调板起吊至放线位置，进行标高及位置校核。以预制阳台板为例，当预制阳台板吊装至作业面上空 500mm 时，减缓降落速度，由专业操作工人稳住预制阳台板，引导预制阳台板降落至支撑上。根据墙体及楼板上的控制线，校核预制阳台板水平位置及竖向标高，通过撬棍（撬棍配合垫木使用，避免损坏板边角）调整预制阳台板水平位置，确保预制阳台板满足设计图纸平面布置要求；通过调节竖向支撑，确保预制阳台板满足设计标高要求。预制构件吊装至安装位置后，须设置水平抗滑移连接措施。施工时预制阳台板、空调板外侧须有安全可靠的防护措施，确保预制阳台板、空调板上部操作人员操作安全。

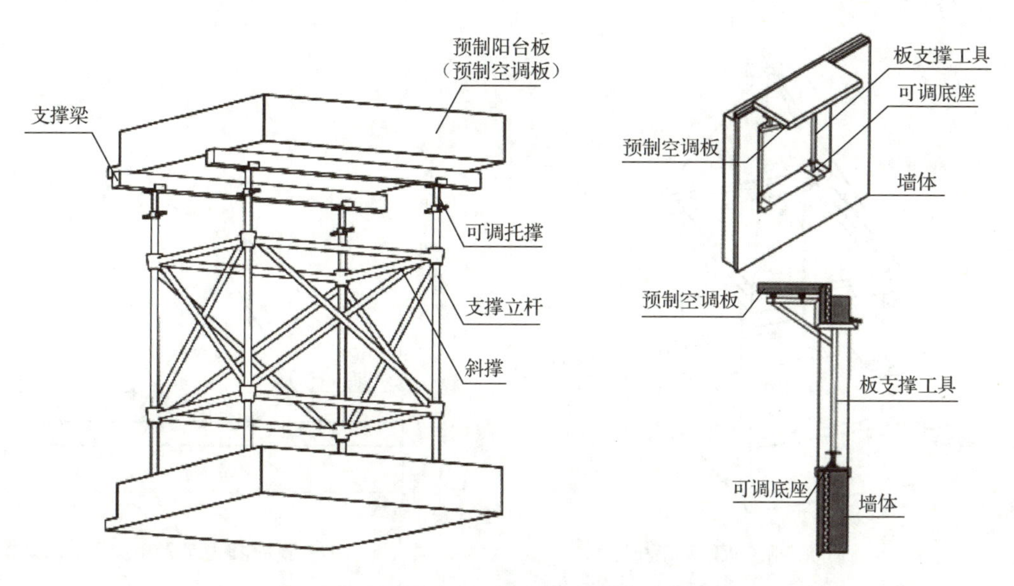

图 6-9 预制阳台板、空调板支撑安装示意图

（5）预制阳台板、空调板临时拉结固定。设置安全构造钢筋与主体结构现浇部分的梁板钢筋焊接或其他可靠拉结措施。

（6）预制阳台板现浇部位的钢筋绑扎固定。预制阳台板为叠合阳台板时，需铺设上层钢筋，并安装铺设预埋件及管线。预制阳台板锚入主体结构钢筋与梁板钢筋绑扎固定。

（7）现浇部分混凝土浇筑施工，拆除支撑。浇筑预制阳台板、空调板与主体结构现浇部分连接节点。待混凝土强度达到100%后拆除支撑装置，拆除时还应确保构件能承受上层阳台板通过支撑传递下来的荷载。

2. 注意事项

预制阳台板、空调板吊装注意事项如下。

（1）预制阳台板吊装宜使用框式吊装梁，用卸扣将吊绳与预制阳台板上的预埋吊环连接，并确认连接紧固，吊绳与吊装梁的水平夹角不宜小于60°，如图6-10（a）所示。

（2）预制空调板吊装可采用吊绳直接吊装，吊绳与预制空调板的水平夹角不宜小于60°，如图6-10（b）所示。

（3）吊装前应进行试吊装，且检查预埋吊环是否牢固。

（4）施工管理及操作人员应熟悉施工图纸，应按照吊装流程核对构件编号，确认安装位置，并标注吊装顺序。

（5）吊装时注意保护成品，以免边角被撞坏。

（6）预制阳台板施工荷载不得超过1.5kN/m^2。

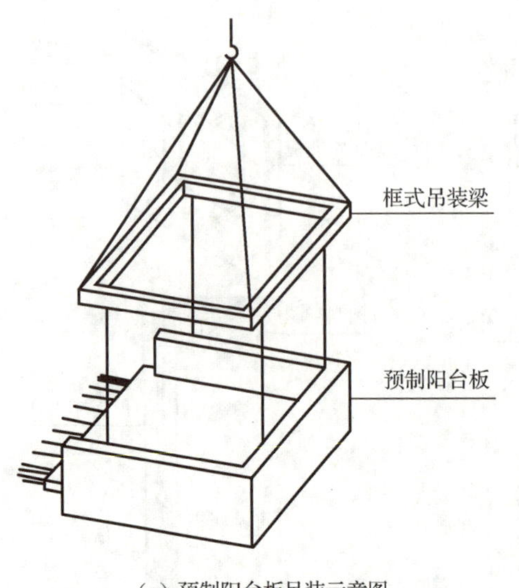

（a）预制阳台板吊装示意图

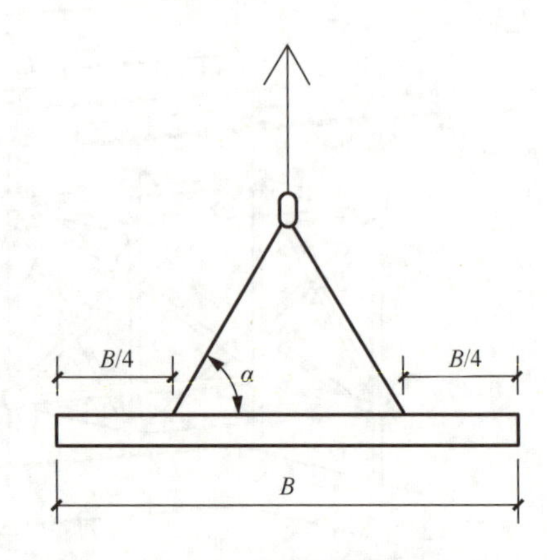

（b）预制空调板吊装示意图

图 6-10　预制阳台板、空调板吊装示意图

3. 安装质量验收

预制阳台板、空调板安装完成后，其外观质量不应有严重缺陷，且不应有影响结构性能和安装、使用功能的尺寸偏差。预制阳台板、空调板安装的允许偏差及检验方法应符合表 6-1 的规定。

表 6-1　预制阳台板、空调板安装的允许偏差及检验方法

项次	项目	允许偏差/mm	检验方法
1	轴线位置	5	基准线和钢尺量测
2	标高偏差	±3	水准仪或拉线、钢尺量测
3	相邻构件平整度	4	2m 靠尺或吊线量测

任务 6.2　预制女儿墙

预制女儿墙根据是否具有夹心保温层分为夹心保温式女儿墙和非保温式女儿墙，根据形状分为直板和转角板。图 6-11 所示为非保温式女儿墙（直板）。

图 6-11 非保温式女儿墙（直板）

1. 材料

（1）预制女儿墙混凝土强度等级为 C30，连接节点处混凝土强度等级与主体结构相同，且不低于 C30。

（2）钢筋采用 HRB400 级、HPB300 级。

（3）钢材采用 Q235-B。

（4）构件吊装用吊件、临时支撑用预埋件应符合国家现行有关标准的规定。

（5）密封材料应满足国家现行有关标准及建筑专业的相关要求。

知识链接

预制女儿墙编号的识读

预制女儿墙编号如图 6-12 所示。

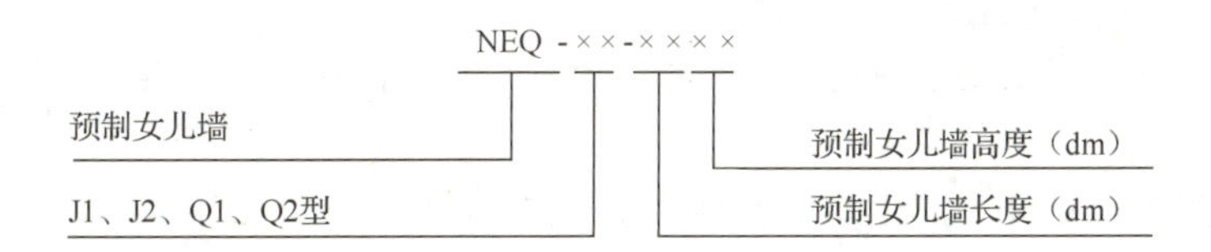

图 6-12 预制女儿墙编号

预制女儿墙类型：J1 型代表夹心保温式女儿墙（直板）；J2 型代表夹心保温式女儿墙（转角板）；Q1 型代表非保温式女儿墙（直板）；Q2 型代表非保温式女儿墙（转角板）。

预制女儿墙高度从屋顶结构层标高算起，600mm 高表示为“06”，1400mm 高表示为“14”。

NEQ-J2-3314 表示夹心保温式女儿墙（转角板），单块女儿墙放置的轴线尺寸为 3300mm，高度为 1400mm。

NEQ-Q1-3006 表示非保温式女儿墙（直板），单块女儿墙放置的轴线尺寸为 3000mm，高度为 600mm。

2. 预制女儿墙生产、运输及堆放要求

1）生产要求

预制女儿墙的生产需求与预制阳台板基本相同。

2）运输要求

预制女儿墙的运输要求与预制阳台板基本相同。

3）堆放要求

预制女儿墙的堆放要求与预制阳台板基本相同。当预制女儿墙长度很大时，应在中间设置通长方木垫块，堆垛层数不宜大于 5 层，如图 6-13 所示。

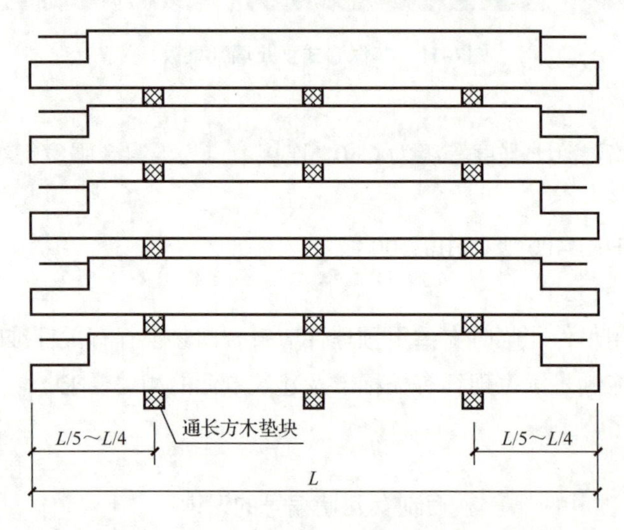

图 6-13 预制女儿墙堆垛

3. 预制女儿墙安装施工

预制女儿墙安装施工工艺流程如图 6-14 所示，主要有以下施工要点。

1）定位放线

根据施工图在楼板表面放出每块预制女儿墙的轴线及外边线并复核，放线误差不超过 5mm。

2）预制女儿墙吊装

（1）预制女儿墙吊装前，应进行试吊装，起吊时吊绳与预制构件的水平夹角宜为 55°～65°。

（2）在预制女儿墙安装校正过程中，以调整一根斜撑杆垂直度为准，待校正完毕后再紧固另一根，不可两根均在紧固状态下进行调整。

（3）任何情况下都不得将预制女儿墙上的外伸钢筋弯曲或切除，以保证结构的安全性。

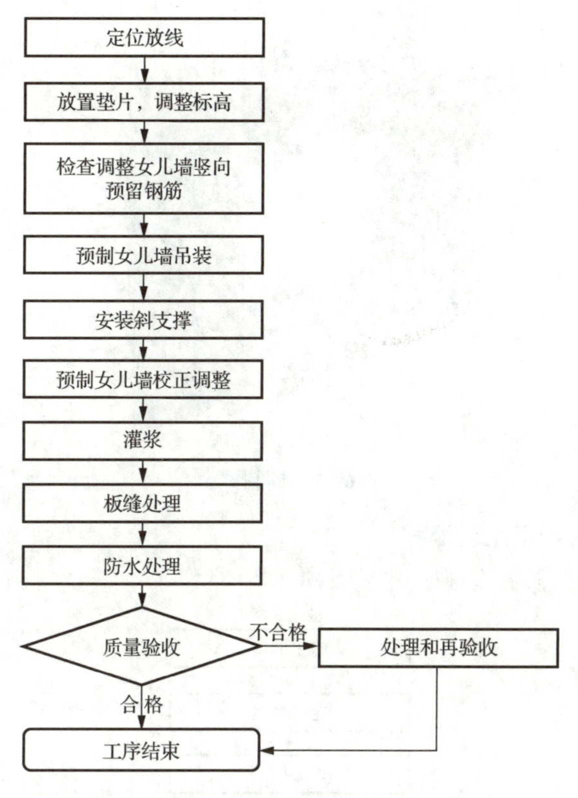

图 6-14　预制女儿墙安装施工工艺流程

3）板缝处理

预制女儿墙板缝根据生产施工工艺不同分为密拼缝和现浇绑扎两种。密拼缝主要用于装配式框架结构，采用 PE 棒封堵缝隙，后用密封膏填涂处理。现浇绑扎主要用于装配式混凝土剪力墙结构。

4）防水处理

防水处理方法为采用 20mm 厚 1∶2 防水砂浆找平层、两道 3mm 厚高分子自粘复合防水卷材和 50mm 厚聚苯板保护层，粘贴至泛水处。

5）预制女儿墙质量验收

预制女儿墙质量验收应符合《混凝土结构工程施工质量验收规范》《装配式混凝土结构技术规程》等现行国家标准的有关规定。

预制女儿墙应按《混凝土结构工程施工质量验收规范》的有关规定进行结构性能检验。

任务 6.3　预制飘窗

预制飘窗（图 6-15）的做法是将飘窗外侧的上翻线条和飘窗板分别预制或整体预制，并预留两侧钢筋，便于结构连接，安装时板底钢筋锚入叠合梁、叠合楼板结构中。

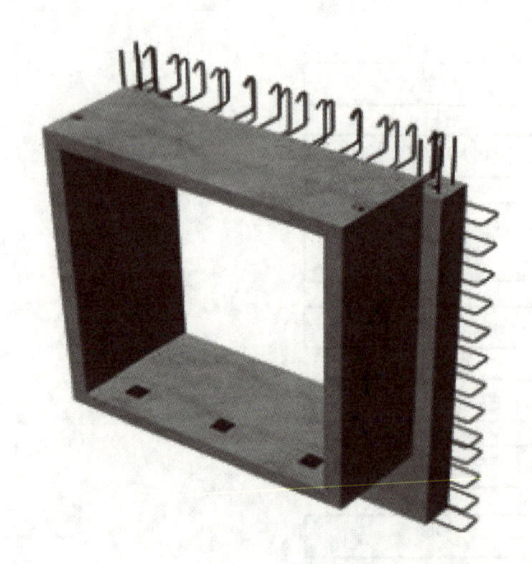

图 6-15　预制飘窗

1. 预制飘窗安装施工工艺流程

预制飘窗安装施工工艺流程如图 6-16 所示。

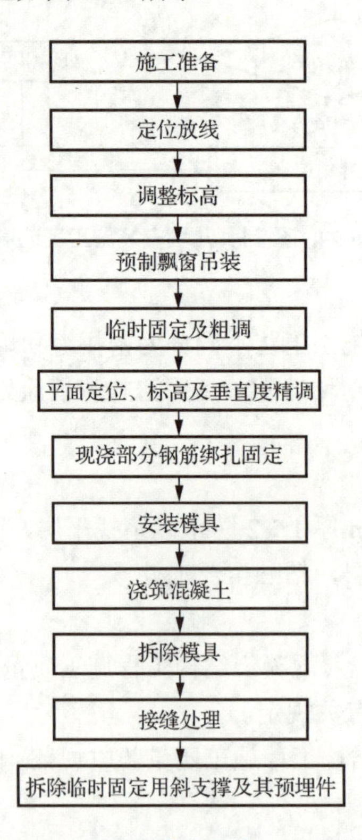

图 6-16　预制飘窗安装施工工艺流程

2. 预制飘窗安装工艺要点

预制飘窗吊装示意图如图 6-17 所示。其安装施工工艺流程中的部分工艺要点如下。

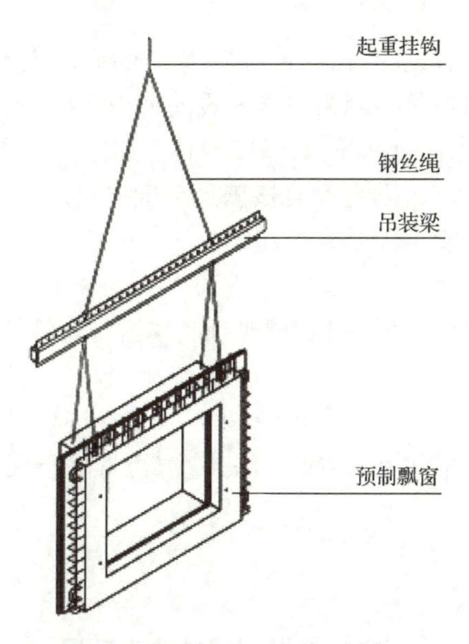

图 6-17 预制飘窗吊装示意图

（1）施工准备。

在下层楼板板面钢筋绑扎完成后，按照斜支撑平面定位图，在板面底筋处安装斜支撑底部预埋件。

（2）定位放线。

楼面清理完成后，测量人员放出预制飘窗定位边线及控制线，同时在预制墙体上放出1m标高控制线，用于预制飘窗标高控制。

（3）调整标高。

预制飘窗下设置调整标高垫块，或将调节螺栓拧入预埋套筒内，并将标高调整至距1m标高控制线980mm。

（4）预制飘窗吊装。

预制飘窗吊装采用吊装梁，吊离地面后略作停顿，通过手拉葫芦将其调平。在预制飘窗根部系好缆风绳，并检查吊绳连接状况及预制飘窗是否平稳。确认安全后，由信号人员指挥将预制飘窗起吊到楼层就位。

预制飘窗就位时，由操作人员牵引缆风绳调整方位，避免与外架相撞，将预制飘窗缓慢下降，靠近安装位置时由操作人员手扶引导，按定位边线全方位吻合后方可落到安装位置上。

（5）临时固定及粗调。

预制飘窗吊装安放后，使用斜支撑及七字码对预制飘窗进行临时固定，固定过程中通过斜支撑及七字码进行粗调，使预制飘窗外立面观感上平整、垂直。

（6）平面定位、标高及垂直度精调。

平面定位精调主要根据楼层放设的控制线，对预制飘窗最外侧边至控制线的距离进行调整，使精度达到设计及规范要求。

标高精调主要根据楼层放设的1m标高控制线与预制飘窗上的1m标高线是否一致来进行调整，调整时主要通过调整预制飘窗下方安设的调节螺栓高度来达到精度要求。

垂直度精调主要通过吊线锤或水平尺，转动斜支撑来控制，使精度达到设计及规范要求。

预制飘窗平面定位、标高、垂直度复核满足精度要求后，需锁紧临时固定件，以保证安全及精度。临时固定件锁紧牢固后方可卸钩。

（7）接缝处理。

预制飘窗全部安装完成后，使用PE棒对预制飘窗与现浇结构交接处的缝隙进行塞缝，以保证浇筑混凝土不漏浆。

（8）拆除临时固定用斜支撑及其预埋件。

混凝土浇筑完成后且强度达到1.2MPa以上，方可拆除斜支撑，并及时切割拆除其在楼板板面的预埋件。

应用案例

丁家庄二期保障性住房项目

丁家庄二期保障性住房项目（图6-18）位于南京市栖霞区迈皋桥街道，工程总建筑面积94121.02m^2，地上建筑面积77333.86m^2，地下建筑面积16787.16m^2，共6栋保障房，由4栋27层（1#、2#、5#、6#）、1栋28层（3#）、1栋30层（4#）高层住宅（1～3层为配套商业）构成。预制率达20%以上，装配率达60%以上。

图6-18　丁家庄二期保障性住房项目

项目主体结构采用装配式剪力墙结构体系，东、西山墙采用预制夹心保温外墙板，楼面采用叠合楼板，阳台采用预制阳台板，楼梯采用预制楼梯，如图 6-19 所示。水平构件 100% 预制装配化。

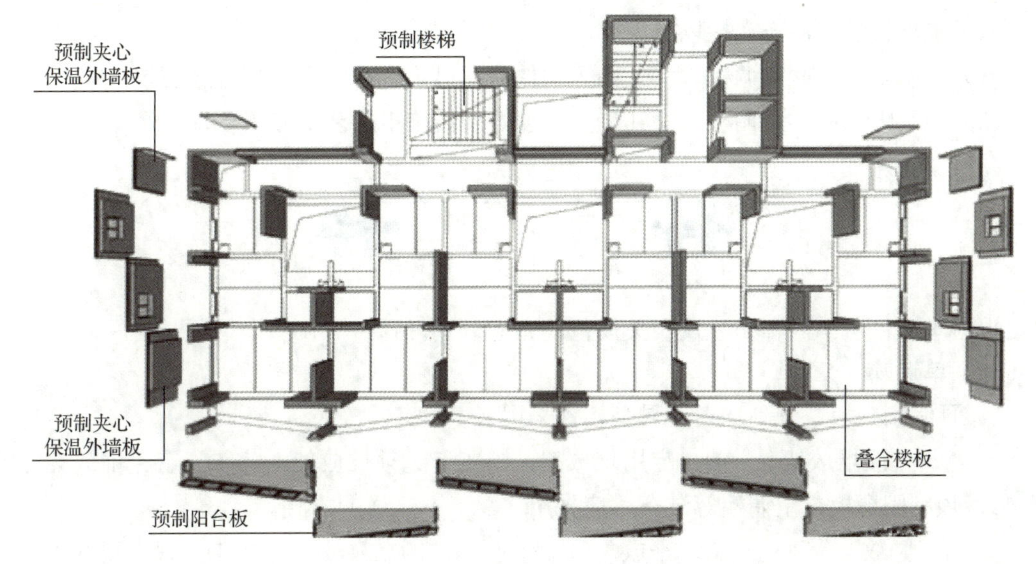

图 6-19　预制构件

在预制阳台板加工前，为达到免抹灰效果，在预制阳台板上层增设阳台窗附框，预制构件竖向连接位置除进行 4mm 拉毛处理外，另增设豁口，有效避免竖向裂缝。太阳能热水器需挂设在阳台板外，通过与热水器厂家对接，提前留设太阳能热水器预埋螺栓和管线口，如图 6-20 所示。

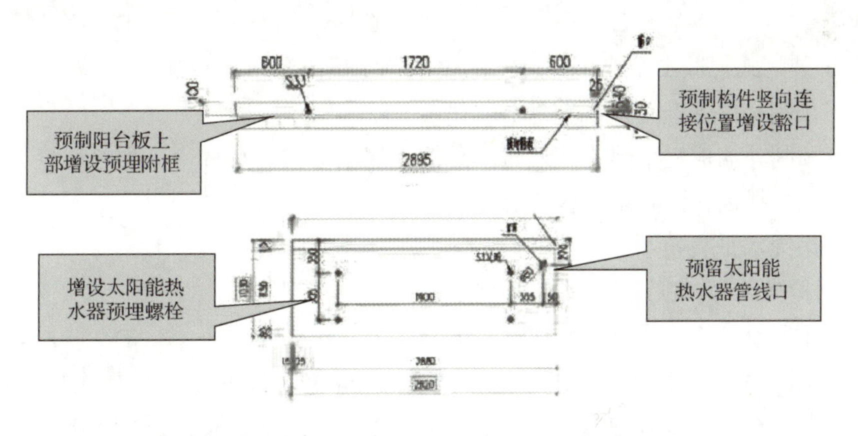

图 6-20　预制阳台板优化设计

项 目 小 节

通过本项目学习，需掌握以下内容。

（1）预制阳台板、空调板、女儿墙等构件的材料、生产、运输与堆放要求。

（2）预制阳台板、空调板、女儿墙、飘窗等安装施工工艺与施工要求。

根据本项目所学内容和涉及相关规范，完成以下习题。

一、单选题

1．预制阳台板、预制飘窗等异型构件采用（　　）。

A．一般堆放架　　B．专用堆放架　　C．无须堆放架　　D．有无堆放架均可

2．预制阳台板、空调板等装车时应采用（　　）运送的方式。

A．竖放　　B．平放　　C．侧立靠放　　D．以上说法都对

3．木方主要用于水平构件的堆放，如叠合板、空调板等，木方在采购时通常为4m长整木，截面尺寸为边长（　　）的正方形，需要根据生产的实际需要在后期进行加工。

A．120mm　　B．100mm　　C．80mm　　D．60mm

4．预制楼梯、叠合板、预制阳台板和预制空调板等构件宜平放，叠放层数不宜超过（　　）层。

A．3　　B．4　　C．5　　D．6

5．关于装配式混凝土结构工程施工的说法，正确的是（　　）。

A．预制构件生产宜建立首件验收制度

B．预制外墙板宜采用立式运输，外饰面层应朝内

C．叠合楼板、预制阳台板宜立放

D．吊绳水平夹角不应小于30°

6．预制构件编号NEQ指的构件类型是（　　）。

A．预制空调板　　B．预制女儿墙　　C．预制楼梯　　D．预制阳台板

7．标准图集中，预制阳台板编号为YTB-D-1024-08，以下说法中错误的是（　　）。

A．该阳台板为板式阳台　　B．该编号代表叠合阳台板

C．阳台板挑出宽度为2400mm　　D．阳台板的封边高度为800mm

8．标准图集中，女儿墙的编号为NEQ-J1-3614，以下说法中正确的是（　　）。

A．代表转角板式女儿墙　　B．代表直板式女儿墙

C．代表非保温式女儿墙　　D．其长度为3614mm

二、多选题

对于预制阳台的说法，正确的有（　　）。

A．对于全预制梁式阳台，两端预制梁内负筋应伸入现浇结构不少于 $1.1l_a$

B．阳台板为悬挑板式构件，有叠合式和全预制式两种类型

C．预制阳台与主体结构连接部位承受负弯矩，故下表面配筋要求高一点

D．对于叠合阳台板，在支座处，预制底板内的纵向受力钢筋宜从板端伸出并锚入支承梁或墙的后浇混凝土中，锚固长度不应小于 $12d$，且宜过支座中心线

参 考 文 献

宫海，2020．装配式混凝土建筑施工技术[M]．北京：中国建筑工业出版社．

刘美霞，赵研，2020．装配式建筑预制混凝土构件生产与管理[M]．北京：北京理工大学出版社．

陕西建筑产业投资集团有限公司，2021．装配式混凝土建筑施工实务[M]．北京：中国建筑工业出版社．

王鑫，赵腾飞，2020．装配式混凝土结构施工技术与管理[M]．北京：机械工业出版社．